スケールアップの化学工学

ものづくりの課題解決に向けて

化学工学会 編／山口由岐夫 著

丸善出版

まえがき

　日本の"ものづくり"は繊細な感性と論理的な思考に支えられてきた．"ものづくり"の対象は，プラスチックやセラミックなどの生活材料から，二次電池や太陽電池などのエネルギー材料，さらに表示材料や医療材料など，高付加価値な機能材料へとシフトしている．そして，金属，セラミックス，無機，有機とさまざまな材料のハイブリッド化も進んでいる．材料構造もエマルション，微粒子，ゲルなど nm サイズから mm サイズに至るマルチスケールな構造の集合体となり，それによりさまざまな機能や物性を発現し，最終製品に展開されている．また最近では，要求性能の高度化や低価格化などに加えて，開発に要する期間は短くなっている．その結果，スケールアップの検討は十分ではなく，現場のトラブルは対症療法になりやすい．

　一方で，AI や IoT などの情報革命は，これまでの日本的な"ものづくり"に大きな変化をもたらしつつある．日本のものづくりを支えてきた繊細な感性と論理的思考に加え情報革命が生産技術の効率化を推進している．しかし，生産技術の質的向上には，"ものづくり"の know why を明らかにして，装置設計やプロセス設計につなげるイノベーションが必要である．"ものづくり"におけるイノベーションは，材料イノベーションとプロセスイノベーションの掛け算であり，前者を大学が担い，後者を企業が担ってきた．だが近年大学におけるプロセス研究も重要性を増して，とくにスケールアップの方法論は重要な課題である．しかし折しも，大学における化学工学の人気は下降し，材料・プロセスのスケールアップへの貢献は限定的である．

　"ものづくり"のポイントは材料構造の形成を理解し制御することにある．とくにメソスケール（1 μm 前後）は熱力学的なボトムアップ構造形成と流体力学的なトップダウン構造形成の両者が交差する領域であり，非平衡相変化による構造形成が支配する．本書はこの非平衡相変化を化学工学の体系に取り入れ"ものづくり"

の学理とし，スケールアップを統一的に理解できるように工夫した．

　本書の執筆に至ったのは，東京大学 環境安全研究センター，辻 佳子教授（大学院工学系研究科 化学システム工学専攻兼担）の励ましと推薦のおかげである．心からお礼を申し上げたい．

2019 年 3 月

山 口 由 岐 夫

目　次

第 1 章　現代的スケールアップ　　　　*1*

1.1　化学工学体系とスケールアップ　　*3*
化学工学とは(3)／化学工学体系(4)／物質，エネルギー，運動量の保存(5)／移動速度論(7)

1.2　時空間のスケールアップ　　*7*
装置のスケールアップ(7)／スケールアップ則(8)／無次元数(8)

演習問題　　*10*

第 2 章　材料の構造形成　　　　*13*

2.1　相分離と相転移　　*13*
スピノーダル分解(14)／核発生(15)／ゾル–ゲル相転移(16)／転相(16)

2.2　熱力学的非平衡相変化　　*17*

2.3　流体力学的非平衡相変化　　*18*

2.4　スケールアップのアプローチ　　*20*

演習問題　　*20*

第 3 章　律速過程　　　　*23*

3.1　反応・拡散過程の律速　　*23*
反応過程(24)／拡散過程(24)／反応・拡散の律速(24)

3.2　乾燥過程の律速　　*25*
気相拡散律速(26)／液相拡散律速(26)／キャピラリー吸水律速(27)

3.3　析出過程の律速　　*27*
析出過程の構造形成(27)／析出体の凝集形態(27)／スケールアップのシナリオ(28)

演習問題　　*29*

第 4 章　非平衡性と非線形性　　35

 4.1　非平衡性　*36*

 4.2　非線形性　*37*

 4.3　特異点　*38*
  特異点の求め方(*38*)／相変化の特異点(*39*)／プロセスの特異点(*39*)

 4.4　ヒステリシス　*40*

 4.5　インキュベーション　*42*
  シグモイド型(*42*)／過飽和型(*42*)／インヒビター型(*43*)

 4.6　自励振動　*43*

 4.7　非線形系のスケールアップ　*44*

 演習問題　*45*

第 5 章　流動特性　　51

 5.1　層流と乱流　*51*
  境界層(*51*)／境膜モデル(*52*)／乱流拡散(*53*)／噴流による微粒化(*53*)／マイクロチャネルリアクター(*53*)／乱流燃焼(*54*)

 5.2　混相系の流動特性　*55*
  流体力による分散と凝集(*56*)／流動特性の双安定性(*57*)／チキソトロピーとレオペクシー(*58*)

 5.3　粉体の流動特性　*58*

 5.4　紡糸の細線化流動　*59*

 演習問題　*60*

第 6 章　反応プロセス　　65

 6.1　反応器モデル　*66*
  反応器のスケールアップ則(*66*)／反応器の容積と滞留時間(*67*)／撹拌所要動力(*68*)／反応器の安定性(*69*)

 6.2　不均一系反応器　*69*

 6.3　微粒子合成反応器　*70*

 6.4　固相反応器　*71*

6.5　ゾル-ゲル法反応器　　*72*

　　演習問題　　*74*

第 7 章　　析出プロセス　　77

7.1　析出特性　　*77*
　　析出サイズと形状(*78*)／前駆体(*80*)／クラスターと核(*80*)

7.2　二段核発生説　　*81*

7.3　核成長とオストワルドライプニング　　*82*

7.4　晶析プロセス　　*83*
　　スケールアップ(*83*)／晶析振動(*83*)／非晶化(*84*)

　　演習問題　　*84*

第 8 章　　分散プロセス　　87

8.1　熱力学的分散　　*88*
　　粒子間ポテンシャル(*88*)／界面活性剤(*89*)／緩慢凝集と急速凝集(*89*)／バイモーダル粒子径分布(*90*)

8.2　流体力学的分散　　*91*
　　せん断力分散と伸長力分散(*91*)／表面解砕と体積解砕(*91*)／過分散(*92*)

8.3　凝集構造と性能　　*92*
　　力学的強度(*93*)／光物性(*93*)／導電性(*94*)

8.4　分散プロセスのスケールアップ　　*94*
　　回転速度(*94*)／所要動力(*95*)／滞留時間(*95*)／粒子径(*96*)

　　演習問題　　*96*

第 9 章　　混練プロセス　　99

9.1　材料とレオロジー特性　　*100*
　　コンポジット型(*100*)／粒子分散型(*101*)

9.2　混練のダイナミクス　　*103*

9.3　混練の効果　　*105*

vi 目次

    高密度化と力学的強度(105)／流動性と透水係数(105)／ゲル化(106)／乾燥クラック(106)
  9.4 混練プロセスのスケールアップ *106*
 演習問題 *107*

第10章 塗布プロセス *111*

  10.1 塗布方式 *112*
    ディップ塗布(114)／ロール塗布(114)／インクジェット塗布(114)／スピン塗布(114)／スロットダイ塗布(115)
  10.2 塗布流動 *116*
    キャピラリー数(116)／せん断配向(117)
  10.3 塗布欠陥 *118*
    表面欠陥(118)／空気同伴(118)／リビング(118)
  10.4 スケールアップ *119*
 演習問題 *120*

第11章 乾燥プロセス *123*

  11.1 乾燥特性と律速過程 *124*
  11.2 乾燥特性の予測 *126*
    恒率乾燥(127)／濃縮層成長(127)／乾燥層成長(128)／ゲルの乾燥速度(129)
  11.3 噴霧乾燥 *129*
  11.4 乾燥欠陥 *130*
  11.5 乾燥シミュレーション *130*
  11.6 乾燥による構造形成 *131*
    粒子液膜乾燥(131)／フィルミング(132)／大小粒子偏析(132)／表面あれとクラック(133)／粒子配列構造(133)
  11.7 乾燥プロセスのスケールアップ *133*
 演習問題 *134*

第12章　気相薄膜プロセス　　137

12.1　気相薄膜の構造形成　138
　　　成長モード(139)／島成長(139)
12.2　CVD　140
12.3　p-CVD　141
　　　放電プラズマ(141)／放電開始電圧(141)／放電周波数(143)／反応速度(143)
12.4　スパッタ　144
12.5　蒸　着　144
12.6　気相薄膜プロセスのスケールアップ　145
演習問題　146

第13章　スケールアップのまとめ　　149

13.1　スケールアップの評価指標　150
　　　反応(150)／ナノ粒子合成(151)／析出(151)／分散・混練(151)／塗布(152)／乾燥(152)
13.2　材料・プロセスの構造形成　153
　　　速度過程と律速(153)／非平衡相変化(153)／材料・プロセスにおける自己組織化(154)
13.3　スケールアップ則のまとめ　154
　　　スケールアップ則と分散・凝集(155)／無次元数(156)／数値シミュレーション(157)
13.4　スケールアップの課題　158
　　　変換効率(158)／コストエンジニアリング(158)／スタートアップ(159)／安全性(159)
13.5　おわりに　159
演習問題　160

あとがき　161
索　引　163

第1章　現代的スケールアップ

　化学産業における"ものづくり"，すなわち汎用品ではない機能材料の開発では研究開発と試作は同時に進行することが多い．そのため，"ものづくり"における材料・プロセスの課題は研究開発から試作，そして実機生産へとつながっている．

　材料・プロセスの課題には，材料物性に基づく熱力学的な要因と，プロセスにおける流体力学的な要因がある．材料の構造形成は，材料とプロセスのリンクした再帰的な関係と，両者の非平衡相変化に依存している．そして，この非平衡相変化は熱力学的なものと流体力学的なものに分けられる．とくに，流体力学的な非平衡相変化は理論的解明が遅れ，現象論的な現象の理解に留まっているため，現場的課題として個別対応になり，"ものづくり"を難しくしている．たとえば，核発生やスピノーダル分解などの構造形成は熱力学的非平衡論を用いて予測され，撹拌やせん断による混合・分散などは，流体力学エネルギーやせん断力などから予測される．その他，コロイド溶液の粘度上昇(shear thickening)やゲル化は現場的課題として注目を集めている．

　性能はナノサイズからマクロサイズに至るマルチスケールで複雑な材料構造に大きな影響を受け，製造装置やオペレーションに依存するため，スケールアップは多くの問題を抱える．これまで，化学工学は単位操作や移動速度論などをベースにスケールアップに貢献してきた．本書では，析出，分散，混合，混練，塗布，乾燥などのスケールアップを，非平衡相変化の視点から再構築することを試みる．それにより，装置やオペレーションの深い理解が可能となり，品質問題や装置トラブルなどの課題解決に役立つ．さらに，化学工学を学び，実践的に応用することが面白くなる．

　一昔前の**スケールアップ**といえば**反応器**や**撹拌槽**などが対象であり，化学品やポリマーなどの汎用品が多かった．今では，このようなスケールアップのニーズに加えて，**機能材料**などのニーズが著しく増大している．たとえば，**分散**や**混練**，**塗布**や**乾燥**などの単位操作は，材料を均一に混合し，膜厚を均一に**塗布**し，均一に乾燥させることを重点課題としている．しかし，塗布や乾燥のプロセス条件により，材料の**微細構造**が変化し，製品の機能や性能に大きな影響を与えるため，機能を設計するための

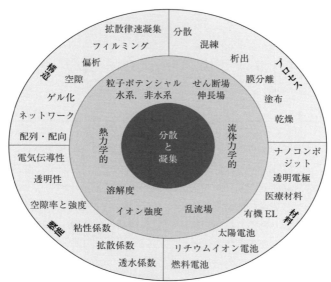

図 1.1 分散・凝集に依存した構造と材料の応用
凝集構造は製品の性能に影響を与え，材料物性や機能などすべてに影響を与える．分散・凝集を決める要因には熱力学的要因と流体力学的要因がある．

　構造制御が重要になってきた．しかも，対象は均一系から濃厚な**粒子分散系**，**エマルション**，**ナノコンポジット**やゲルのような複雑材料へと変化してきた．その結果，ナノ粒子の合成，**ポリマー成型加工**，塗布薄膜，機能性フィルム，極細繊維などの製造において材料の微細構造を制御する重要性が増してきた．しかも，材料・プロセスの必要性は化学産業のみならず，**食品**，**化粧品**，**医薬品**，エネルギー，環境など広範な産業分野にわたっている(図 1.1)．

　企業の研究開発においては，時間的にも人的にも余裕はなく，課題を深く掘り下げるより，サンプルづくりに専念せざるを得ないのも事実である．また，現在の化学工学体系のみで，"ものづくり"の課題を解決できるとは限らないため，大学で学んだことを十分に活かせない．その結果，研究開発は試行錯誤になる．

　化学工学の役割はラボ実験スケールから試作，さらにスケールアップに至る製造プロセスを設計することである．そこで本章では化学工学体系[1]を説明し，"ものづくり"におけるスケールアップ則の一般論を示す．

1.1 化学工学体系とスケールアップ

化学工学とは

化学工学のニーズは社会の変化とともに変遷し，**反応システム**や**分離システム**などの体系化が進んでいる．その結果，化学工学の応用分野は，図 1.2 に示すように，広範な領域を網羅していることがわかる．

化学工学の基礎体系(図 1.2 の中央)を学部で学び，システム体系や方法論を大学院で学ぶ．卒業研究や大学院の研究課題には応用分野が選ばれることが多い．そうして，化学工学のシステム的な考え方を学ぶことになる．では，化学工学の方法論とは何であろうか．大学ではことさら方法論について講義することはなく，自然と身につくものとされている．そのため，他の専門領域と比べ専門性が低い，と思われている人が多いのではなかろうか．しかし，それこそが化学工学の特徴であり，他の専門分野と親和性が高く，あらゆる課題に立ち向かうことを可能とする．必要に応じて，異

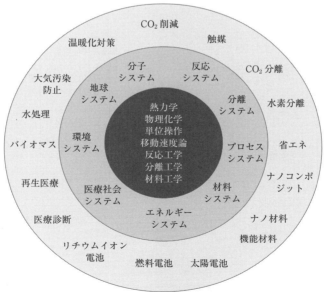

図 1.2　化学工学の基礎体系と応用分野
化学工学の基礎体系(中央)をベースに，化学システムとして応用分野を学ぶ．一番外側には，社会への応用展開分野を示す．

なる専門分野を学び，課題解決を行うオープンな学問体系なのである．

化学工学体系

単位操作は**物質収支**が基本である．物質が流れると，エネルギーの流れも生じる．反応が起きると，物質やエネルギーの生成と消滅が起きる．このように，物質収支と同じく，**エネルギー収支**も重要になる．そして，物質やエネルギーの流れを知るために，**運動量収支**が必要になる．

化学工学体系は図 1.3 に示すように，物質収支，エネルギー収支，運動量収支，それに熱力学や流体力学から構成されている．そして，**平衡論**と**速度論**をベースに，製造プロセスは単位操作(unit operation)のネットワークで表現される．単位操作は現象の本質を失わない程度にプロセスをモデル化しており，これを**化学工学モデル**とよぶとすれば，化学工学モデルこそがスケールアップの最大の武器といえる．一方，数値流体力学(CFD：computational fluid dynamics)モデルは流動に加え，反応物質移動，熱移動を含み，化学工学モデルより精緻であり，近年多く用いられている．しかし，CFD では全体を俯瞰することは難しく，ケーススタディを重ねても本質にたどり着けない場合がある．むしろ逆に，化学工学モデルに基づいて全体を俯瞰し，要素

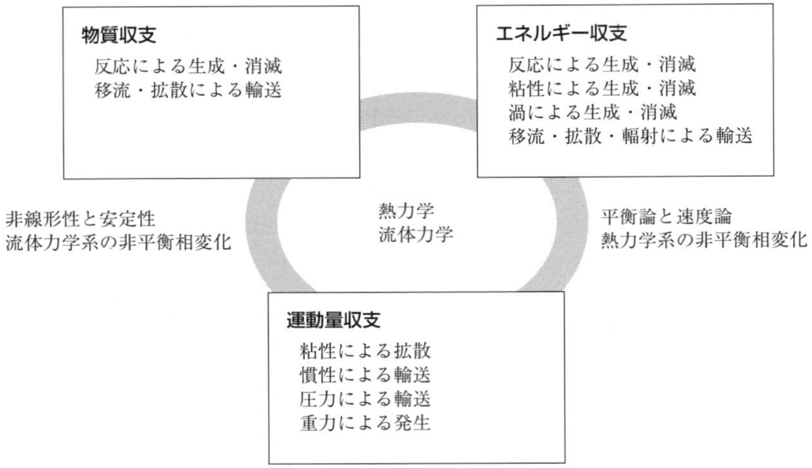

物質収支		エネルギー収支
反応による生成・消滅		反応による生成・消滅
移流・拡散による輸送		粘性による生成・消滅
		渦による生成・消滅
		移流・拡散・輻射による輸送

非線形性と安定性　　　　　熱力学　　　　　平衡論と速度論
流体力学系の非平衡相変化　　流体力学　　　　熱力学系の非平衡相変化

運動量収支
粘性による拡散
慣性による輸送
圧力による輸送
重力による発生

図 1.3　化学工学体系
化学工学体系は熱力学と流体力学を基礎にして，物質収支，エネルギー収支，運動量収支から成り立っている．そして，単位操作は平衡論と速度論を中心に体系化されている．また，非線形性はすべての単位操作に関係する．さらに，材料の構造形成は熱力学的非平衡相変化と流体力学的相変化を用いて解析される．

の定量性を向上させるためにCFDモデルを使う立場が好ましい．

ものづくりにおける材料・プロセスは，材料とプロセスがカップリングして，材料構造が流体運動に影響を与えるように再帰的な関係となり輸送物性は複雑化する．このような非線形性は**構造粘性**に限ったことではなく，単位操作の至るところに潜み，材料・プロセスの解析を難しくしている．流体運動に誘起される**非平衡相変化**（第5章）は，粒子合成，晶析，分散，混合，混練，乾燥など材料・プロセスに内在している．化学工学モデルもこのような難問に容易には答えられない．しかし，さまざまな特性値の特異的変化の意味を考え，現象を律速する要因を理解すれば，**化学工学モデル**を組み立てることが可能になる．

核発生や**スピノーダル分解**などは，熱力学系の非平衡相変化として馴染み深く，比較的理解が進んでいる．一方，流体力学系の非平衡相変化は，研究の歴史が浅く理解が進んでいない．しかも，流体運動はプロセスにおける流動そのものであり，相変化と無関係と思われている．コロイド系を例にとれば，粒子・粒子や粒子・溶媒間の相互作用力に加えて，流体力による分散・凝集が起き，熱力学系の非平衡相変化に類似した流体力学系の非平衡相変化が起きる．実は，このような非平衡相変化に依存したマルチスケールな構造形成は，材料・プロセスの中心課題である．

構造形成の学理を歴史的にみれば，非平衡科学の系譜による熱力学的アプローチにはじまり，数理科学の系譜による複雑系を経て，**自己組織化論**に発展している．そして今，科学の系譜から工学への展開がはじまっている．イリヤ・プリゴジンは，定常状態において**エントロピー**の生成が最小になるように構造形成が起きると説き，これを**散逸構造**[2]と定義し，非平衡系の構造形成に適用した．一方，**反応拡散方程式**は数理科学で多用され，生物パターン形成を**チューリング・パターン**として説明する．化学工学では，反応器の安定性解析や**パターン形成**に使われているが，材料の構造形成への展開はこれからの課題である．材料の構造形成は，高分子分野やマテリアルサイエンス分野，そして応用物理分野で研究が進んでいるが，主として熱力学系の非平衡相変化である．化学工学体系に流体力学系の非平衡相変化を組み入れることが期待されている（図1.3）．

物質，エネルギー，運動量の保存

自然は変化する．変化するダイナミクスを記述するために，変化前後の保存量に着目する．図1.4に示すように，**開放系**に物質とエネルギーが流入すると，内部では物質とエネルギーの変換が起きるが，質量，エネルギー，運動量は保存されている．質量とエネルギーはスカラー量（一次元量）であり，運動量はベクトル量（二次元量）で大

図 1.4 開放系における物質変換とエネルギー変換

孤立系(isolated system)は物質とエネルギーの出入りがなく，閉鎖系(closed system)は物質の出入りがない．開放系(open system)は両者とも出入りがあり，内部で物質変換やエネルギー変換が起きる．

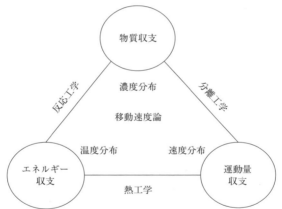

図 1.5 物質，エネルギー，運動量の保存

移動速度論は物質収支，エネルギー収支，運動量収支から構成され，濃度や温度や速度が求められる．

きさと方向をもつ．それぞれの保存則は時間を含む偏微分方程式で表され，**物質収支**(マスバランス)方程式，**エネルギー収支**(エネルギーバランス)方程式，**運動量収支**(モーメンタムバランス)方程式とよばれる．図 1.5 にこれら三位一体の関係を示す．運動量の保存方程式は，一般に**ナビエ・ストークス**(Navier-Stokes)方程式とよばれ，流体力学の基本方程式である．このように物質とエネルギーと運動量の保存則を基軸に，化学工学体系は構築されている．

移動速度論

移動速度論(transfer kinetics)，もしくは**輸送現象論**(transport phenomena)は流体力学をベースに，物質やエネルギーの移動を扱い，物質とエネルギーと運動量の保存則から構築されている．この保存式の無次元化によりスケールアップが可能となる．最近では，収支式の連成した微分方程式を解き，装置内の濃度分布や温度分布を求めることができる．一方，装置やプロセスは**境膜モデル**などの化学工学モデルを用いて，簡便に設計される．

1.2 時空間のスケールアップ

旧来のスケールアップは，単に装置を大きくすることを意味する．現代的スケールアップは材料・プロセスの時空間のスケールアップである．スケールアップにより材料の構造も大きく変化するため，材料のミクロからマクロに至る**マルチスケール**構造形成を理解する必要がある．たとえば，装置容積を大きくし，生産速度を速くすると，層流から乱流への転移が起きる．また，乾燥速度や膜厚を大きくすると，膜厚方向の偏析や，欠陥も起きやすくなる．このように，スケールアップにより，プロセスの**モード・パターン**変化や材料の相変化が生じ，材料の構造は変化する．

装置のスケールアップ

装置設計は目的により色々なレベルがある．簡易設計の場合には，代数方程式を用いた**化学工学モデル**でよい．詳細設計の場合には，**移動速度論**に基づいた化学工学モデルが必要である．詳細設計のほとんどは，実験室レベルのサイズや中間試験レベルのサイズの実験結果から，実機レベルのサイズを設計することである．これをスケールアップとよび，製品を製造するさいにきわめて重要な事業の成否を決める要因である．製造コストのみならず，不純物の含有量はもちろんのこと，さまざまな品質を保証しなければならない．そのために，移動速度論的なアプローチで，濃度分布，温度分布，速度分布などを予測することが望ましい．移動速度論において，流動を解くことはもっとも難解である．最近では，**CFD**が発達し，濃度分布や温度分布も解ける．ただし，CFDの条件設定には，化学工学的な素養が必要である．

製造プロセスには，それぞれ固有の装置特性がある．そのほとんどは流動状態に起因し，物質移動や熱移動の特性として発現される．装置内の流動状態は，物質の構造を反映した流体の**レオロジー特性**と，装置の形状や攪拌機などの**インターナル**(内部

構造)に依存する．このような装置内の流動特性のモード・パターン変化は，外場からのエネルギー注入に依存して，層流から乱流への転移と関係づけられている．たとえば，コロイド系の shear thickening(粘度低下)など，高レイノルズ数領域における流体力学的な構造転移は未解明なことも多く，今後の重要な課題である．これらのモード・パターン変化に対応して，材料のナノ構造からマクロ構造に至るマルチスケールな構造が決まる．逆に，材料構造を反映したレオロジー特性を測定することにより，材料のマルチスケールな構造形成を推定することが可能になる．

スケールアップ則

一般に広く受け入れられている**スケールアップ則**[3)]は，以下のように三つに分類される．

① せん断速度一定　$u/L =$ const.：層流支配の場合．
② 単位体積当たりの所要動力一定　$\rho u^2/L^3 =$ const.：乱流エネルギー支配の場合．
③ 滞留時間一定　$L/u =$ const.：反応支配で，完全混合近似が成り立つ場合．

ここで，u は速度，L は代表長さ，ρ は密度であり，空間スケール L と時間スケール L/u と材料物性 ρ から構成されている．①は層流支配であり，主としてせん断分散プロセス，粘性混合プロセスなどの場合に用いられる．速度は撹拌翼の先端速度とするため，翼と装置壁とのギャップ H との間のせん断速度 u/H を一定にする場合が多い．②は速度の2乗の乱流エネルギー支配の場合であり，主として乱流混合プロセス，乱流分散プロセスなどに用いられ，撹拌翼や流体物性に依存した**撹拌動力**でまとめられている．そして，②は装置壁の影響はなく，装置の容積で決まり，装置のインターナルよりも操作条件支配となる．③は主として**混合拡散**の速い**反応律速**の場合であり，乱流反応プロセスなどに用いられる．**滞留時間**は，反応時間や材料の**緩和時間**などの特性時間で決められ，空間や操作条件の影響が少ない条件で用いられる．

無次元数

スケールアップ則はそれぞれ独立であり，その適用範囲を知る必要がある．そのために**無次元数**を用いて，濃度や温度や流動などのモード・パターン変化を考慮して，適用範囲を規定する必要がある．モード・パターンを決める無次元数を表 1.1 に示す．代表的な無次元数である**レイノルズ数** Re は，慣性力と粘性力の比で，層流から乱流に転移するモード変化を表現する．スケールアップ則①の適用限界はレイノルズ数で判断され，①は層流支配に，②は乱流支配において適用される．また，レイノル

ズ数が十分に大きいと，②の乱流混合律速から③の反応律速に変化する．このように，レイノルズ数はスケールアップにおいて，スケールアップ則の適用範囲を決める重要な無次元数である．**ペクレ数** Pe はレイノルズ数に**シュミット数** Sc を掛けた無次元数であり，物質の移流・拡散により誘起される濃度パターンを決める．

粘性係数や**伝熱係数**などの輸送物性は，**運動量拡散係数**や**熱拡散係数**として整理され，**物質拡散係数**を加えて，それぞれの比をとることにより輸送物性の無次元数となる（表 1.2）．この無次元数を用いると，物質，エネルギー，運動量の相互変換が可能となり，律速過程を知る手がかりになる．

気泡や粒子などの不均一系の場合において，界面を通した**フラックス**（流束）を求めるために，**境膜厚み**を推定する必要がある．界面の**物質境膜厚み** δ_m や**熱境膜厚み** δ_h は，代表長さ L を用いて無次元化され，**シャーウッド数** Sh や**ヌッセルト数** Nu と定

表 1.1　モード・パターンの無次元数

モード・パターンの無次元数	定義		モード・パターン
レイノルズ数 Re	慣性力／粘性力	$\rho u d/\mu$	流動パターン
ペクレ数 Pe	拡散流束／移流流束	ud/D	濃度パターン
フルード数 Fr	慣性力／重力	$u/(Lg)^{0.5}$	沈降パターン
レイリー数 Ra	浮力／粘性力	$L^3 g\beta\Delta T/\nu\alpha$	対流パターン
キャピラリー数 Ca	粘性力／表面張力	$\mu u/\sigma$	自由表面パターン
チーレ数 Th	反応量／拡散流束	$d(k/D)^{0.5}$	濃度パターン

L：代表長さ，ρ：密度，u：速度，D：拡散係数，d：管径，μ：粘度，g：重力定数，β：線膨張率，ΔT：温度差，ν：運動量拡散係数，α：熱拡散係数，σ：表面張力，k：反応速度定数．無次元数は保存方程式や境界条件の無次元化により得られ，プロセスのモード・パターン変化の指標になる．

表 1.2　輸送物性の無次元数

輸送物性の無次元数	定義	
シュミット数 Sc	運動量拡散／物質拡散	ν/D
プラントル数 Pr	運動量拡散／熱拡散	ν/α
ルイス数 Le	熱拡散／物質拡散	α/D

物質，エネルギー，運動量の保存方程式は移流・拡散・反応の形式で構成されている．それぞれの拡散係数の比をとることにより，たとえば，境膜厚みの比を知ることができる．これより，三者の保存方程式におけるアナロジーが理解される．

表 1.3 境膜厚みの無次元数

境膜厚みの無次元数	定義	
シャーウッド数 Sh	代表長さ / 物質境膜厚み	L/δ_m
ヌッセルト数 Nu	代表長さ / 熱境膜厚み	L/δ_h

境膜には物質境膜と熱境膜があり,運動量の影響は境膜厚みに集約されている.運動量境膜は境界層として扱われている.境膜厚みが小さいほど境膜に抵抗が集中する.

義される.それぞれ Re と Sc やプラントル数 Pr の関数として表現されている(表 1.3).

無次元数の用い方は,対象に応じて変化することに注意が必要である.たとえば,流体中の粒子運動に注目する場合には,**粒子レイノルズ数** $Re_p = \Delta u R/\nu$ を用いる.ここで,Δu は流体と粒子の速度差であり,R は粒子径である.流動による粒子分散や凝集などの粒子拡散現象に着目する場合には,**粒子ペクレ数** $Pe_p = uR/D_p$ を用いる.ここで,D_p は**粒子拡散係数**である.乾燥による物質輸送に関しては,**乾燥ペクレ数** $Pe = uh/D$ が用いられる.ここで,代表長さは膜厚 h であり,D は溶媒の拡散係数である.乾燥による粒子輸送については,粒子乾燥ペクレ数が用いられる.このように,注目する現象に応じて無次元数を選択する.

以上に述べたような無次元数を用いて,ラボ実験データを整理し,実験範囲を把握して,スケールアップすることはきわめて重要である.

化学工学的な思考法をベースにしたスケールアップのシナリオとして,たとえば,以下が挙げられる.

① ラボ実験で実現した性能とプロセスの関係を明らかにする.
② 材料構造とプロセスの関係を明らかにする.
③ ラボ実験装置以外のプロセスや装置の可能性を考える.
④ スケールアップの要点を明確にし,ラボ実験にフィードバックする.
⑤ スケールアップによる性能劣化の可能性を予測する.

演習問題

花火は炭素粒子で構成されている.花火が地上に落下するまでに,炭素粒子が燃え尽きる最大のサイズを求めたい.炭素粒子は直径 $d_p = 1$ mm と仮定し,100 m 上空に打ち上げられ,着火し自然落下するとする.一般に,粒子は運動方程式(1)に従って落下する.

$$\rho \frac{4}{3}\pi \left(\frac{d_p}{2}\right)^3 \frac{du}{dt} = \frac{4}{3}\pi \left(\frac{d_p}{2}\right)^3 (\rho - \rho_f)g - \pi \left(\frac{d_p}{2}\right)^2 f \frac{\rho_f u^2}{2} \tag{1}$$

層流域(Stokes 域)：$Re < 1$　　　　　$f = 24/Re$
遷移域(Allen 域)：$1 < Re < 1000$　　$f = 10/\sqrt{Re}$
乱流域(Newton 域)：$1000 < Re$　　　$f = 0.44$

ここで，u は粒子速度，d_p は粒子直径，f は抵抗係数，ρ は粒子速度，ρ_f は流体密度である．物性値は以下を用いなさい．
　　$g = 9.8 \text{ m s}^{-2}$, $\rho_{air} = 1.2 \text{ kg m}^{-3}$, $\rho_{carbon} = 1000 \text{ kg m}^{-3}$,
　　$\mu_{air} = 1.8 \times 10^{-6} \text{ Pa s}$, $D_{O_2} = 1.8 \times 10^{-5} \text{ m}^2 \text{ s}^{-1}$, $C_{O_2} = 8.9 \text{ mol m}^{-3}$

(1) 着火していない場合：炭素粒子が自然落下するときの終端速度を求めなさい．

(2) 着火している場合：炭素粒子が静止しているときの燃え尽きるまでの時間を求めなさい．

(3) 着火している場合：炭素粒子が自然落下しているときの燃え尽きるまでの時間を求めなさい．

解　答

(1)　Stokes の法則に従うとすると，終端速度は，

$$u = \frac{d_p^2(\rho_{carbon} - \rho_{air})g}{18\mu_{air}} = 3.0 \times 10^1 \text{ m s}^{-1}$$

$$Re_p = \frac{d_p \cdot u \cdot \rho_{air}}{\mu_{air}} = 2.0 \times 10^3$$

この Re 数から Stokes 域ではないことがわかる．よって，Allen 域を使い反復計算の結果，次のようになる．

$$Re_p = \frac{d_p \cdot u \cdot \rho_{air}}{\mu_{air}} = 3.5 \times 10^2$$

$$u = \sqrt{\frac{4}{3f} \frac{d_p(\rho_{carbon} - \rho_{air})g}{\rho_{air}}} = 5.2 \text{ m s}^{-1}$$

(2)　燃焼速度は高温なので十分速く，酸素の拡散律速と考えられ，炭素表面の酸素濃度 C_s をゼロとする．

$$\frac{d}{dt}\left(\frac{4}{3}\pi r^3 \frac{\rho}{M}\right) = -4\pi r^2 k(C_{O_2}) \tag{1}$$

式(1)を積分して，式(2)を得る．

$$\frac{d_{p_0}^2 - d_p^2}{4} = \frac{12 \times 10^{-3}}{\rho_{carbon}} D_{O_2} C_{O_2} Sh \times t \tag{2}$$

粒子は静止しているので，$Sh = 2$ であり，燃え尽きるまでの時間は 65 秒となる．

(3)　炭素粒子は終端速度で落下するとき，

$$Sh = 2 + 0.6 Re^{1/2} Sc^{1/3} = d_p/\delta$$

燃焼とともに粒子径は減少するが，Re_p は初期の Re_p と同じとする．そ

> の結果，$Sh = 13$ となり，燃え尽きるまでの時間は 10 秒となり，落下までの時間 20 秒(100/5 秒)までに燃え尽きると予想される．

参考文献

1) 山口由岐夫, "ものづくりの化学工学", 丸善出版 (2016), p. 1.
2) I. Prigogine, D. Kondepudi 著, 妹尾 学, 岩元和敏 訳, "現代熱力学―熱機関から散逸構造へ―", 朝倉書店 (2001), p. 317.
3) 定方正毅, 燃料協会誌, **64**, 312 (1985).

第2章 材料の構造形成

"ものづくり"は機能を有した材料をつくることである．機能は物質の性質と構造により決まり，物性と構造に因数分解できる．機能材料の構造を分析・解析・評価し，機能と相関づけられる．目標とする機能を発現する物性と構造の組合せは多数存在するため，試行錯誤が繰り返される．このようにして得られた材料構造はどのように形成されたのであろうか，材料の性質とプロセスに思いをはせるのは，"ものづくり"の醍醐味であろう．しかし，材料はさまざまな物質からなり，溶解析出から凝集を経て，材料構造は複雑化する．しかも，"ものづくり"のプロセスは多岐にわたり，問題のある工程を見つけるのは容易ではない．このため，数多くの試行錯誤を必要とし，サンプルづくりや試作が繰り返される．材料の微細構造形成を理解したうえで，現実の装置やプロセスに対応する課題解決が要求される．

熱力学的な**非平衡相変化**や流体力学的な非平衡相変化から，構造形成が理解されれば，課題解決に役立つ．具体的には，材料・プロセスにおけるさまざまな**凝集体**の構造形成が明らかになれば，"ものづくり"の課題解決やスケールアップが可能になる．なぜなら，凝集体構造こそが製品性能を決定づけているためである(図1.1)．

本章では熱力学的な非平衡相変化と流体力学的な非平衡相変化を解説する．とくに，流体力学的な非平衡相変化の概念は一般にはあまり浸透していないので，第4章でさらに詳しく説明する．

2.1 相分離と相転移

材料・プロセスでは，材料の構造変化に誘起されたプロセスのモード変化が起き，プロセスのモード変化により材料の構造変化が起きるというように，材料とプロセスは再帰的な関係にある．従来型のプロセスでは，物質の相変化を熱力学的な平衡論で記述できるため，プロセス設計やスケールアップは比較的容易である．一方，材料・プロセスでは流体力学的な非平衡相変化に依存した材料構造のため，プロセス設計やスケールアップは難しくなる．

一般に，**相分離**は**相転移**に含められるが，本書では相変化を，二つの相に分離する相分離と，一つの相が相分離せずに別の相に転移する相転移に区別する．相分離や相転移は，高分子系を中心に研究されており，近年では**コロイド系**や**ゲル系**にも展開されている．しかも，熱力学的な**非平衡相分離**や，ゲル化などの相転移から，粘性支配の低レイノルズ数における**粘弾性相分離**[1]のように，流体力学的な非平衡相変化にも注目が集まりはじめている．しかし，慣性支配の高レイノルズ数における流体力学的な相分離や相転移は，プロセスにおいてきわめて重要であるにも関わらず，現象論的な理解に留まっている．たとえば，コロイド系などで観察される shear thickening (粘度上昇)現象[2]は，**ダイラタンシー**(膨張)[3]ともいわれ，攪拌混合や輸送を難しくしている．しかし，そのメカニズムは十分に解明されていない．

スピノーダル分解

相分離や相転移による材料構造の概略を図 2.1 と図 2.2 に示す．均一な未飽和溶液から，冷却や蒸発により，飽和状態を超えて**過飽和**状態に至ると，相分離が起きる．溶質の初期濃度が低い場合(図 2.1 ①)には，**核発生**や**スピノーダル分解**などの相分離

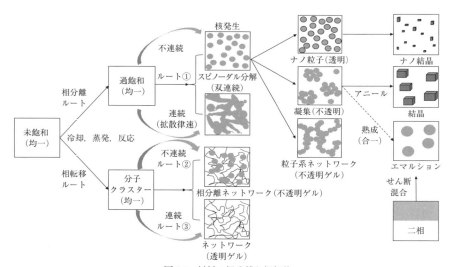

図 2.1 材料の相分離と相転移

材料の構造形成の基本は分子集合体の構造形成であり，連続的なものと不連続的なものに分けられる．また，ひも状のものと粒子状のものに分類され，分子運動や粒子運動によりさまざまな凝集状態をとる．図中のルート①②③は図 2.2 の冷却ルートに対応．

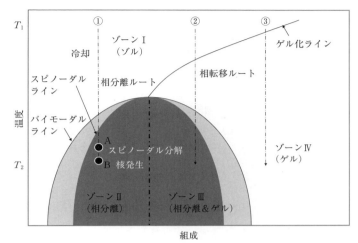

図 2.2　相分離とゲル相転移
熱力学的相図にゲル化を重ねると，相分離によるゲル化を表現できる．ゾーンⅢはゾーンⅡから相分離した濃厚相と，ゾーンⅠの②から冷却したゲル相の二つが存在する．ゲル相もゾーンⅢとゾーンⅣの二相が存在し，前者は不均一なため不透明で，後者は透明である．

に至り安定化する．一方，溶質の初期濃度が高い場合(図 2.1 ②および③)には，分子の**クラスター化**が進み相転移を経るゲル化ルートをとる．このような相分離や相転移には，**連続的変化**と**不連続的変化**があり，一般に，連続的な相変化は非平衡度が低く，不連続的な相変化は非平衡度が高い．**核発生**は不連続相分離であり，連続相分離である**スピノーダル分解**よりも過飽和度(非平衡度に相当)は大きい．よって，図 2.2 に核発生の位置(B)を，スピノーダル分解の位置(A)よりも過飽和度の高い下方に示している．

スピノーダル分解は分子の**拡散律速**のため，時間スケールは拡散時間のオーダーとなる．高分子溶液系の**平均場法**[4]や，合金系の**フェーズフィールド法**[5]は，スピノーダル分解から**ミクロ相分離**に至る動的過程を表現できる．

核発生

核発生は**分子凝縮律速**のため，時間スケールは**臨界過飽和度**(核発生する過飽和度)に達する時間のオーダーになる．よって，臨界過飽和度に達するまで顕著な変化はなく，臨界値を超えると瞬時に核発生が起きるため，動的過程の観察は難しく，核発生は多くの疑問を残している．

最近では，核発生は二段階[6]と考えられ，液–液相分離を経て固相核に至るといわれている．晶析プロセスにおける，核発生に至るまでの**インキュベーション**現象[7]も，科学的に説明されることが期待されている．さらに，**結晶多形**や結晶形状に加えて，結晶サイズの撹拌速度依存性や**凝集性結晶**なども，液相を経由すると考えれば理解されやすい．

反応を伴う核発生の例として，**金属アルコキシド**を原料に**金属酸化物粒子**を合成する場合[8]を考えてみよう．まず**加水分解反応**が起き，続いて**縮合反応**が起き，金属酸化物粒子になる．加水分解と縮合は**平衡反応**ゆえに，平衡を移動させる反応場の大きな変化が必要になる．つまり，水の存在下において加水分解反応により生成した化学種のなかで，水への溶解度の小さい化学種が液相核発生を起こす．この液相核は水がきわめて少ないため，**縮合反応**が進み固体ナノ粒子になる．この例のように，**反応晶析**は中間体の液相核発生を経由する，と考えるとわかりやすい．

ゾル–ゲル相転移

ゲル相には図2.1に示すように，**透明なゲル**と**不透明なゲル**がある．不透明ゲルは可視光を散乱するため，200 nm以上の高次構造を有すると考えられる．ナノ構造からミクロ構造に至るマルチスケールな構造は，**中性子散乱**[9]により明らかにされつつある．ゲル化は高分子系のみではなく，**ナノ粒子やエマルション**にも見られる．エマルションは凝集により空間ネットワークを形成し，ゲル化に至ることがある．たとえばエマルション型の粘着剤は，ゲル化して固体的になり，接着剤に比べ接着力は劣るが剥がしやすい利点を有する．

相分離の相図にゲル相転移を重ねる[10]と，定性的には図2.2のようになる．ゲルの相転移には，**ゾル–ゲル相転移**[11]と**ゲルの体積相転移**[12]の二つが知られている．金属アルコキシドなどの原料からなるゾル相から，球状粒子，**メソポーラス**，ファイバー，薄膜，フィルム，バルク体などさまざまな形状のゲルに加工[13]される．とくに，ゾル状態の撹拌混合や延伸から，ゲル状態の乾燥から焼成に至る最終工程まで，相転移を制御するようにプロセスを設計する必要がある．具体的には，図2.2のような相図に加えて，**相転移ダイナミクス**を考慮して，装置の選択や操作条件を決めることになる．

転 相

界面活性剤の存在下で水と油を混合すると，その体積割合に応じて，O/W(oil in water)やW/O(water in oil)に相分離する．転相とは**分散相**と**連続相**が逆転する現象

であり,転相の起きる体積割合は熱力学的な安定性により決まる.転相は体積割合に加えて,温度,pH,イオン強度,**HLB**(hydrophilic-lipophilic balance)などの影響を強く受ける.また,転相はせん断や攪拌などの流体力の影響も強く受ける[14].たとえば,**食品や化粧品**における**クリーム化**は,攪拌による空気の取込みによる転相の動的過程を経由し,材料と空気の**双連続**(bi-continuous)な構造に至るゲル化プロセスともいえる.

転相のさいに,分散相の中に連続相が取り込まれる**インクルージョン**(たとえばW/O/W)現象も起こり,性能に大きな影響を与える.転相の熱力学的不安定性を利用した**ナノエマルション**作製に加えて,たとえば,**せん断誘起**によるナノエマルションを製造[15]する例がある.転相は多様な構造形成の可能性を秘めており,非平衡相変化の研究材料としても興味が尽きない.

2.2 熱力学的非平衡相変化

相分離や相転移は,図 2.3 に示すように nm サイズから μm サイズまで,さらに mm サイズに至るまでの広範囲な構造形成を支配する.**熱力学的非平衡相分離**や相転移は nm サイズから μm サイズに至るため,**ボトムアップ**の構造形成といえる.一方,**流体力学的非平衡相分離**や相転移は mm サイズから μm サイズに至るため,

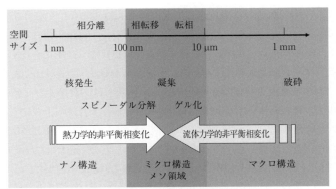

図 2.3 相分離と相転移の空間スケール
熱力学的相変化と流体力学的相変化が競合する領域が,1 μm 前後に存在し,凝集により nm から μm に至るマルチスケールの構造形成が起きる.この領域をメソ領域という.熱力学的非平衡相変化はボトムアップ型であり,流体力学的非平衡相変化はトップダウン型である.

トップダウンの構造形成といえる．**乱流渦**の最小サイズは 10 μm 程度なので，これ以下は低レイノルズ数のせん断支配になる．ゲル化は nm サイズから μm サイズの空間ネットワークを形成し，マクロなバルク領域にまで拡張される．

このように，材料の空間スケールを俯瞰すると，1 μm 前後の空間スケールでは，ボトムアップとトップダウンの両方が作用し，結果として複雑な材料構造を形成する．とくに，1 μm サイズ以下では，表面や界面の効果が大きく，微量の不純物や界面活性剤が構造形成に影響を与え，さらに材料構造は複雑化する．

スケールアップにおいては，まず熱力学的な構造形成を考え，次に流体力学的な構造形成の影響を考える．乱流は**混合拡散**による均一化に寄与し，せん断流は材料の分散や凝集に影響を与える．つまり，材料とプロセスの空間スケールと時定数を考えつつ，材料を構造設計することが望まれる．しかるに，現実は，材料はケミストが担い，プロセスはケミカルエンジニアが担い，ものづくりはケミストファーストという習慣がある．日本のものづくりを強くするには，材料とプロセスの共鳴（シンクロナイズ）を可能にする研究マネージメントが大切となる．

2.3　流体力学的非平衡相変化

流体運動が材料の相分離や相転移を誘起することは，地震による**液状化現象**などを例にとると，直感的に理解しやすいが，実際の相分離のメカニズム機構は難しく，理解は十分には進んでいない．そのため，流体運動は均一混合や物質移動の促進などの効果はあるが，相変化を起こす駆動力になると普通は考えない．たとえば**スケールアップ則**において，流体運動による混合拡散が十分であれば**反応律速**となり，**滞留時間**を一定にすると考える．しかし，振動するとゲル化するシェイクゲルや，攪拌すると硬くなる**スターチ**などは，流体運動により混合拡散速度は低下する．しかも，せん断速度を増すと粘度上昇する shear thickening 現象は，濃厚コロイド系において普遍的に観察される現象[16]である．

流体粘度がせん断速度に対して非線形性をもつことは，**構造粘性**とよばれ，高分子溶液などの均一系の場合には，分子構造や絡み合いなどの変化によるものと説明される．エマルションやコロイド系においては，さらに複雑で，図 2.4 に示すように shear thinning 現象や shear thickening 現象のように，粘度の減少や増加が見られる．これらの現象論的な理解は，流体力による分散と凝集によると説明されているが，そのメカニズムの解明は十分ではない．

最近，層流から乱流への転移は相転移[17]であることが明らかにされた．つまり，乱

2.3 流体力学的非平衡相変化

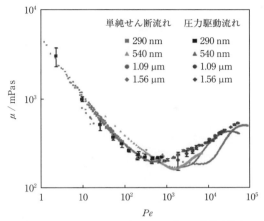

図 2.4 シリカ-エチレングリコール系での見掛け粘度
シリカ粒子体積分率 40%，横軸は粒子ペクレ数 Pe で，図中の値は粒子径を示す．圧力駆動流れはキャピラリー計で，単純せん断流れはコーンプレート型レオメーターで測定される．熱力学的な凝集 (aggregation) を流体力により分散し，結果として粘度は低下する (shear thinning)．さらに Pe を大きくすると，流体力による凝集 (agglomeration) を起こし粘度が高くなる (shear thickening)．

流においては**並進運動**に加えて**回転運動**の自由度を獲得し，**渦運動**が起きる．円管のせん断流動場に，気泡や粒子を添加すると，壁近傍のせん断流れに誘起された回転運動により揚力が発生し (**マグヌス効果** (Magnus effect))，壁から流れの中心方向に，気泡や粒子が輸送されることが知られている[18]．せん断速度を大きくすると，気泡や粒子の数密度は，低濃度領域 (壁近傍) と高濃度領域 (円管中央) に，あたかも相分離のような状態に転移する．つまり，せん断場における気泡や粒子の存在により，流体は**回転自由度**を得て，乱流転移に類似の**構造相転移**を起こし，速度分布も乱流速度分布型 (壁近傍に大きな速度分布) になる．厳密ではないが，これを流体運動による非平衡相分離と考えると，shear thickening 現象の説明は可能である．つまり，粒子は壁近傍からバルク領域に輸送され，壁近傍に強いせん断場が形成され，見掛け粘度を大きくする．一方，円管中央に濃縮された粒子群は，壁付近の強いせん断場に誘起された圧力により圧縮されて緻密化する．これが，流体力による凝集と解釈できる．さらに同様に，**振動誘起**の相分離や相転移は，地震における液状化現象やシェイクゲルのメカニズムを説明できる．

このような複雑系のスケールアップにさいしては，**粒子ペクレ数** Pe を用いることが望ましい．粘度変化は，せん断強さに加えて，粒子サイズや粒子拡散係数の影響を受ける．さらに，粒子濃度を高くすると，粘度上昇の起きる粒子ペクレ数は小さい側にシフトし，粘度上昇値も大きくなりゲル化に至る．

2.4 スケールアップのアプローチ

熱力学的な非平衡相変化は馴染み深いが，流体力学的な非平衡相変化は現象論的な理解に留まっているため，製造トラブルや品質問題などのメカニズムに基づいた課題解決は難しく，試行錯誤に頼らざるを得ない．その結果，試作，評価，分析のループを脱することは難しい．課題解決のためには，化学工学モデルによる解析を行い，メカニズムを究明する試みが必要である．

筆者の個人的な実践的アプローチを示しておく．
① サンプルづくりにおいて，透明性の変化，粘度変化，温度変化なども測定する．
② サンプルの表面性状，照り(相分離による表面への水の出現)を観察する．
③ 性能劣化要因を相分離や相転移の視点から考える．
④ 材料と溶媒や添加物などの相互作用を，濡れの視点から再考察する．
⑤ 現象の律速過程に基づいて，化学工学モデルを立て解析する．

このような実践的アプローチのみではなく，感性を取り入れた匠的なアプローチ[19]も複雑系のスケールアップには有効である．

演習問題

シリカの合成には TEOS(tetraethoxysilane)が用いられる．図2.1 を参考にして，以下の理由を説明しなさい．
(1) 水-エタノールの混合溶媒に TEOS を混入すると白濁した．攪拌しつつ，少し時間が経つと透明になった．そして，しばらくすると再び白濁した．その後，粘度が高くなりゲル化した．
(2) 水-エタノールの混合溶媒にアンモニア水を加えて，pH を 9 に調整した．TEOS を添加し攪拌すると，透明の状態を維持したまま粘度が高くなりゲル化した．

解　答
(1) TEOS の水への溶解度は低く，エタノールにより溶解が進む．初期の白濁は，TEOS-水系の相分離が起きているため，O/W エマルションに

よる白濁化である．エタノールによりTEOSは溶解し透明化する．そして，TEOSの加水分解により生成したSi(OH)$_x$由来の中間体の溶解度は低いため析出し，O/Wエマルションになる．このエマルションの凝集により白濁化し，さらに凝集の進行により粒子系のゲル化に至る．このエマルションの内部では縮合反応が進みシリカ粒子になる．

(2) 塩基性側ではケイ酸の溶解度は高く透明で，TEOSの加水分解と縮合が進み，ネットワーク状のシリカが形成されゲル化に至る．図2.1のルート③に相当する．

参考文献

1) 田中 肇，高分子，**52**(8)，572 (2003)．
2) 柴山充弘，ながれ，**29**，337 (2010)．
3) 梅屋 薫，燃料協会誌，**64**，779 (1985)．
4) 本田 隆ら，高分子論文集，**56**，762 (1999)．
5) S.G. Kim, *et al., Phys. Rev. E,* **60**, 7186 (1999).
6) D. Erdemir, *et al., Acc. Chem. Res.,* **42**, 621 (2009).
7) 大島 寛，粉体工学会誌，**38**，251 (2001)．
8) 山根正之，粉体工学会誌，**37**，598 (2000)．
9) T. Kanaya, *et al., Supramol. Sci.,* **5**, 215 (1998).
10) H.M. Tan, *et al., Macromolecules,* **16**, 28 (1983).
11) S. Nakano, *et al., J. Chem. Phys.,* **135**, 114903 (2011).
12) 田中豊一，日本物理学会誌，**41**，542 (1986)．
13) 山口由岐夫，"ゲルっていいじゃない"，テクノシステム (2016)，p. 109.
14) A. Kumar, *et al., Ind. Eng. Chem. Res.,* **54**, 8375 (2015).
15) 山下裕司，坂本一民，千葉科学大学紀要，**7**，105 (2014)．
16) 辰巳 怜，小池 修，山口由岐夫，化学工学，**80**(3)，179 (2016)．
17) M. Sano, K. Tamai, *Nat. Phys.,* **12**, 249 (2016).
18) S.B. Kumar, *et al., AIChE J.,* **43**, 1414 (1997).
19) 黒田孝二，化学工学，**80**(11)，741 (2016)．

第3章 律速過程

　製造プロセスの**速度過程**は，反応速度，拡散速度，移動速度，乾燥速度，晶析速度，溶解速度など，さまざまな過程から構成されている．そして，速度過程は**並列過程**と**逐次過程**に分けられる．逐次過程は直列結合であり，もっとも遅い速度過程がプロセス速度を決め，これを**律速**という．

　材料・プロセスの解析において**化学工学モデル**を作製することは少ない．その理由の一つに，モデル化に慣れていないことが挙げられる．せっかく多くの実験データをとっても，有効に活用できず，律速段階がわからないとスケールアップもできない．つまり，化学工学モデルにより律速段階を明らかにすることが大切である．

　二次電池の充電速度に関する研究開発を例に考えてみよう．ある**律速過程**を解消すると，新たな律速過程が現れ，これを繰り返し，充電速度の高速化を実現する[1]．そして，さまざまな律速過程を解消すると，最終的に，電極反応が律速として残る．このように，律速過程を明らかにすることは，実は，技術開発の方向性を見極めることになる．

　スケールアップにおいては，実験室プロセスにおける律速過程を見直し，新たな律速過程を予測する必要がある．たとえば，原料供給速度，反応速度，拡散速度，除熱速度，界面輸送速度などすべての速度過程が律速になり得る．意外に盲点なのは，**物質律速**から**熱律速**，さらに**運動量律速**へと律速過程が切りかわる場合である．

　本章では律速過程を理解し，実践的に使えるようになるため，具体的に，反応，乾燥，析出などを取り上げる．律速過程の把握と化学工学モデルの活用は表裏一体であり，課題解決においてもっとも重要である．

3.1　反応・拡散過程の律速

　反応工学は**反応速度論**と**移動速度論**から構成され，反応率や選択率を予測し，**反応プロセス**を設計する．反応プロセスの設計ポイントは，反応と拡散の律速過程を明らかにし，反応律速を実現することである．反応系は多数の反応から構成され**反応ス**

キームとよばれる．拡散系も同様に多数の拡散過程から成り立っている．

反応過程

逐次反応（A→B→C→D）を例にとると，プロセス時間（A~D の総和）を短くするには，律速を解消する．たとえば，B→C を律速過程とし，これを解消すると，次の律速過程，たとえば C→D が現れる．このように，律速過程を解消することにより，高い生産性や製品の高性能化が実現される．一方，並列過程においては，速い速度過程がプロセス時間を決める．たとえば，A→B に**並列反応**が存在する場合，そのなかでもっとも速い反応ルートを経由して，B を生成することになる．

拡散過程

拡散過程はマクロからミクロに至るまでさまざまな形態からなる．**攪拌混合**は流体のマクロな混合を意味し，乱流混合により槽内の濃度は均一化する．液液系や気液系では，攪拌により液滴サイズや気泡サイズが決まり，それぞれの界面輸送が律速になる場合が多く，これを**界面輸送律速**という．液固系や気固系においては，固体粒子内の拡散は著しく遅く，反応速度は**固体拡散律速**として考える．

反応・拡散の律速

反応律速と拡散律速の関係を，図 3.1 を用いて説明する．**反応速度定数** $k(\mathrm{s}^{-1})$ はアレニウス式に従い，温度 T の逆数の指数関数で示され，勾配は**活性化エネルギー** E である．一方，拡散速度は**拡散係数** $D(\mathrm{m}^2\mathrm{s}^{-1})$ を代表長さ $L(\mathrm{m})$ の 2 乗で割った $D/L^2(\mathrm{s}^{-1})$ で表される．拡散速度は**攪拌エネルギー密度** ε と，$D/L^2 \propto \varepsilon^n$ の関係があり，乱流の場合は $n=1/3$ [2]になる．結局，拡散速度は ε で決まり，拡散係数の温度依存性は小さく，拡散速度は一定値となる．反応速度定数と拡散速度の交点 A において律速過程が切りかわり，A の右側（低温側）では**反応律速**であり，A の左側（高温側）では**拡散律速**となる．この理由は，低温側では反応速度定数のほうが拡散速度より小さいためである．攪拌操作を強化して，**乱流拡散**を大きくすると，交点は A から B へと高温側にシフトし，結果として反応律速領域が増え，反応速度 k を大きくすることが可能となる．一方，反応器容積 $L^3(\mathrm{m}^3)$ を大きくすると，拡散速度は低下し，A は低温側にシフトする．その結果，反応速度を低下させざるを得なくなり，生産速度は落ちることになる．拡散律速になると，好ましくない反応が起こり，不純物が増加[3]する．よって，拡散速度 ∝ 攪拌エネルギー密度 ＞ 反応速度を満たすことが，スケールアップの原則である．結局，反応器のスケールアップにおいては，ε を

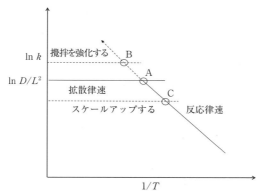

図 3.1 反応律速と拡散律速
反応速度を大きくすると拡散律速に至る．スケールアップは反応律速を原則とするため，点 A が反応速度の最大値である．攪拌を強化すると，反応律速領域が増加し点 B まで反応速度を大きくできる．スケールアップすると，L が大きくなるため，点 C まで反応律速領域が減少し，反応速度は遅くなる．よって，スケールアップにおいては拡散速度を大きくする必要がある．また，固体や粉体などは内部拡散が律速になるため，できる限り粒子サイズを小さくし反応速度を大きくする．

一定に維持して生産速度を確保することになる．また ε の空間分布にも注意が必要で，反応器の隅は拡散律速になりやすく，不純物の生成[3]が起きることがある．よって，攪拌翼の選定や反応容器インターナルの設計にも注意を要する．

せん断速度一定 ($u/L =$ const.) というスケールアップ則①(第 1 章)は，攪拌翼と装置壁のギャップ距離 H が重要になる．攪拌槽において，**乱流渦**は攪拌翼と装置壁間の強いせん断領域から発生し，槽内部に輸送される．わかりやすくいえば，スケールアップ則①は，せん断による分散や混合に適用され，スケールアップ則②は，乱流による分散や混合均一化に適用される．そして，スケールアップ則③(滞留時間一定)は，反応律速に適用される．

3.2 乾燥過程の律速

乾燥プロセスはものづくりの最終工程に用いられ，材料の**マルチスケール**構造を決定づけるため，きわめて重要である．とくに，**濃厚コロイド溶液**や**エマルション溶液**や**湿潤粉体**などの不均一材料は，乾燥による品質問題を起こしやすいため，スケール

アップには注意が必要である．これら不均一材料の膜形成を例にとると，**乾燥速度**の増大により，膜厚方向への**クラック**や膜面方向の**肌あれ**，さらに**表面偏析**[4]などの欠陥が誘発される．乾燥速度が遅いと，良好な性能を得られるが，製造コストは高くなり競争力を失う．

乾燥過程における律速過程の切りかわりは，以下に示すように二段階である．詳細は第11章を参考にしてほしい．

気相拡散律速

気相への溶媒拡散が律速であり，蒸気圧と気相側境膜抵抗により乾燥速度は決まる．よって，温風乾燥や減圧乾燥により乾燥速度を大きくすることができる．

液相拡散律速

乾燥に伴い溶質やコロイド粒子は濃縮される．濃縮に伴い，溶質やコロイド粒子の**拡散速度**は低下し，**濃縮層**[5]が現れ溶媒の液相拡散が遅くなり律速になる（図3.2 点A）．濃縮層の成長とともに乾燥速度は低下し**減率乾燥**とよばれる．乾燥速度が大き

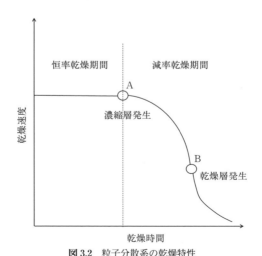

図3.2 粒子分散系の乾燥特性
乾燥に伴い蒸発面に濃縮層が形成され（点A），透水係数が低下して乾燥速度は遅くなり減率乾燥に至る．さらに乾燥が進行すると，最表面の乾燥がはじまり（点B），粒子間メニスカスの出現により乾燥速度の低下が緩やかになる．

いほど濃縮層や**スキニング**(skinning)が緻密化し乾燥抵抗が大きくなるため，乾燥速度を大きくすることは，乾燥膜の不均一化の原因となる．

キャピラリー吸水律速

乾燥が進むと乾燥速度の低下が緩和され図 3.2 点 B に到達する．この点から自由表面近傍の溶質やコロイド粒子の乾燥がはじまり，**キャピラリー力**(毛管力)による吸水効果が加わり，結果として乾燥速度の減少が緩和され変曲点になる．

3.3　析出過程の律速

晶析プロセスは産業界で多用されているが，スケールアップの問題は現在も多い．その理由は，過飽和からの核発生に課題が残されているからである．たとえば，
① **凝集晶**[6]はなぜできるのか．
② 結晶形の多様性はなぜ起きるのか．
③ 結晶径はなぜ攪拌の影響を受けるのか．
④ 析出プロセスが振動するのはなぜか．
⑤ 結晶化しないのはなぜか．

これらの疑問がスケールアップにおいて顕在化すると，品質トラブルの原因となる．

析出過程の構造形成

過飽和状態からの相分離には，**スピノーダル分解**と**核発生**があることはすでに説明した(第 2 章)．核発生は溶解度の小さい場合(過飽和度が大きい)に起きる不連続相分離であり，分散構造となる．一方，溶質の溶解度の大きい場合(過飽和度が小さい)には，連続相分離であるスピノーダル分解になり，結晶化せずに**双連続**(bi-continuous)な構造になる．

核発生は**分子凝縮**が律速であり，スピノーダル分解は分子拡散律速である．核発生における分子凝縮は反応過程とみなせ，反応律速と解釈でき，ギブズのエネルギー障壁を越える必要がある．

析出体の凝集形態

核発生により生成した分散粒子が衝突し，凝集する場合がある．核発生は気相，液相，固相から発生し，**二段核発生**(第 2 章)により液相を経由するとすれば，凝集の説

28 第3章 律速過程

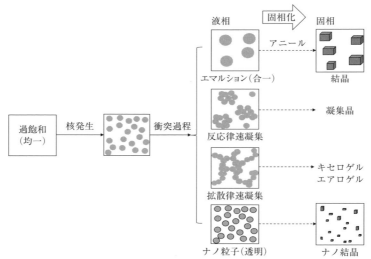

図 3.3　二段核発生に基づいた構造形成
液相核の衝突により合一や凝集が起こり，エマルションやゲルが生成する．液相核の界面の安定性により，分散，合一，凝集の状態が決まる．その後の乾燥やアニールにより固相化が進行する．エアロゲルは超臨界乾燥によるもので，キャピラリー力による圧密が起きないため低密度なゲルに至る．キセロゲルは通常の蒸発乾燥であるため，キャピラリー力により圧密化される．

明が可能である．

　凝集形態は核粒子の**付着確率**に依存し，液相核と固相核の**付着係数**はそれぞれ1と0と考えられる．液相核は反応により固相化するが，その中間領域の付着確率は1から0まで変化する．粒子サイズに依存する粒子拡散速度と付着速度を比較すると，液相核の凝集形態は反応律速凝集（RLA：reaction limited aggregation）になり，固相化するにつれ拡散律速凝集（DLA：diffusion limited aggregation）になる（図 3.3）．たとえば，燃焼火炎の不完全燃焼法で得られる**カーボンブラック**や，火炎法で得られる**チタニアやフュームドシリカ**[7]は液相核を経由し，拡散律速凝集となる．気相からの核発生の凝集は避け難いが，液相からの核発生は，界面活性剤の添加や電荷反発を利用して，分散を維持できる．

スケールアップのシナリオ

　析出体の形態や結晶性は，材料の性能に大きな影響を与える．とくに，スケールアップにおいては，流体力学的な**非平衡相変化**（第2章）の影響を考慮して，①〜⑤に

示した問題に対処する必要がある．析出過程における古典的核発生理論に基づいた**化学工学モデル**[8]を立てることは役に立つ．核発生の数値シミュレーションで実用レベルのものはほとんどない．一方，スピノーダル分解は障壁がないため，高分子系の**平均場シミュレーション**(第2章)が有効である．

演習問題 1

バッチ式反応器を用いて以下のような反応を考える．

$$A \underset{k_{-1}}{\overset{k_1}{\rightleftharpoons}} B \overset{k_2}{\longrightarrow} C \underset{k_{-3}}{\overset{k_3}{\rightleftharpoons}} D$$

反応器は連続槽型反応器(CSTR)で，容器内の濃度分布はないとする．また，すべての反応は一次反応とする．

(1) B→Cの反応に比べ二つの平衡反応は十分に速く，AとBとC，Dの平衡組成はつねに一定に保たれている．このとき，この反応系の律速過程はどの反応か．

(2) AとBに関する物質収支方程式を立てなさい．反応器体積は $V(\mathrm{m}^3)$ とする．

(3) Aの初期濃度を $[A]_0$ とし，AとBは瞬時に平衡が成立する．このときのBの初期濃度 $[B]_0$ を平衡定数 K_1, $[A]_0$ を用いて表しなさい．ここで，$K_1 = k_1/k_{-1}$ とする．

(4) B→CによってBが消費されると同時に左の平衡反応が起きて，Bが生成されA，Bの平衡関係を保つ．また，生成したCも，一部がただちにDへと変化し右の平衡関係を保つ．つまり，速度定数 k_2 に従って，平衡関係を保った状態でAとBの総和が減少し，CとDの総和が増加することになる．t 秒後における濃度 $[A]$, $[B]$ を求めなさい．

(5) この反応系において，物質収支から $[A]+[B]+[C]+[D] = [A]_0$ が成立する．$[C]+[D]$ を $[A]_0$, k_2, t で表しなさい．

(6) 平衡定数 $K_3 = k_3/k_{-3}$ を用いて，t 秒後における濃度 $[C]$, $[D]$ を求めなさい．

(7) $[A]_0 = 1.00 \text{ mol m}^{-3}$, $K_1 = 4.00 \times 10^{-1}$, $k_2 = 6.00 \times 10^{-2} \text{ s}^{-1}$, $K_3 = 3.00 \times 10^{-1}$ であるとき，20.0秒後の濃度を求めなさい．また，それぞれの濃度の時間変化を図示しなさい．

解　答

(1)　B→C

(2)　$V\dfrac{\mathrm{d}[A]}{\mathrm{d}t} = -k_1 V[A] + k_{-1} V[B]$ (1)

　　$V\dfrac{\mathrm{d}[B]}{\mathrm{d}t} = k_1 V[A] - k_{-1} V[B] - k_2 V[B]$ (2)

(3) $[A]_0$ を $1:K_1$ で分配することになるので，$[B]_0 = \dfrac{K_1[A]_0}{1+K_1}$

(4) 式(1)を $\dfrac{d[A]}{dt} = 0$ として，$[A] = \dfrac{k_{-1}}{k_1}[B] = \dfrac{[B]}{K_1}$ (3)

また，式(2)から，$\dfrac{d[B]}{dt} = -k_2[B]$

$t=0$ のとき $[B]=[B]_0$ より，$[B]=[B]_0\exp(-k_2t)$ となる．

式(3)より，$[A] = \dfrac{[B]_0}{K_1}\exp(-k_2t)$

(5) 以上の結果を用いて，
$$[C]+[D] = [A]_0 - ([A]+[B])$$
$$= [A]_0 - \left\{\dfrac{[A]_0}{1+K_1}\exp(-k_2t) + \dfrac{K_1[A]_0}{1+K_1}\exp(-k_2t)\right\}$$
$$= [A]_0\{1-\exp(-k_2t)\}$$

(6) $[C] = \dfrac{[D]}{K_3}$ であるから，(5)の結果とあわせて

$$[C] = \dfrac{[A]_0}{1+K_3}\{1-\exp(-k_2t)\} \text{ および，} [D] = \dfrac{K_3[A]_0}{1+K_3}\{1-\exp(-k_2t)\}$$

(7) $[A]_0=1.00$，$K_1=4.00\times10^{-1}$，$k_2=6.00\times10^{-2}$，$K_3=3.00\times10^{-1}$，$t=20.0$ を代入して，

$[A] = 2.15\times10^{-1}$ mol m^{-3}，$[B] = 8.61\times10^{-2}$ mol m^{-3}，
$[C] = 5.38\times10^{-1}$ mol m^{-3}，$[D] = 1.61\times10^{-1}$ mol m^{-3}

図は以下のようになる．

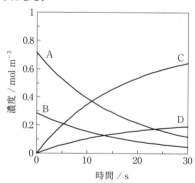

演習問題 2

コーヒー液滴を乾燥させると，液滴外周部にリング状の濃い色が現れる．これはコーヒーリングとよばれる．コーヒー液には数十 nm の粒子が含まれており，この粒子が外周部に集積する．湿度が高すぎるとコーヒーリングは形成されな

い．この形成メカニズムを考察して律速段階はどこにあるか答えなさい．

解 答

液滴乾燥は均一ではなく外周部の蒸発速度が大きく，乾燥に伴い外周部で粒子は析出し，粒子集積がはじまる．乾燥が進むと液滴は縮小し，析出粒子と基板と自由表面の三重界面に作用する界面張力のバランスが崩れると，析出粒子と液滴が切れて液滴は内部に進行する．そして，再び液滴外周部にて粒子析出が起き，これが繰り返されコーヒーリングに至る．リング形成のはじまりは乾燥による粒子析出であるため乾燥速度に依存する．乾燥速度が速すぎると至るところで析出し，コーヒーリングは形成されない．また，乾燥速度が遅すぎると粒子濃縮は均一に起きるためコーヒーリングは形成されない．以上より，律速は粒子の析出であることがわかる．よって，乾燥条件が重要となる．

演習問題 3

活性炭の製造プロセスを考える．通常，活性炭は水蒸気を用いた賦活反応により細孔をあけられているため，比表面積は $1000\sim3000\ \mathrm{m^2\,g^{-1}}$ と大きく，吸着剤としての用途が多い．賦活反応は，

$$C + H_2O \longrightarrow CO + H_2$$

となり，反応温度は $700\sim1000\ ℃$ 程度である．炭素粒子の半径を R，炭素球表面における水蒸気濃度を C_R とする．炭素粒子内部における水蒸気の有効拡散係数を D，賦活反応速度は水蒸気濃度の一次反応とする．

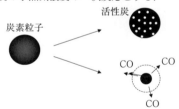

(1) 炭素粒子内部の水蒸気濃度分布を求めるための微分方程式を導出しなさい．
(2) 境界条件を二つ示しなさい．
(3) 微分方程式を解きなさい．
(4) 反応と拡散の比を示す指標として，チーレ数 (Thiele modulus) $Th = R\sqrt{\dfrac{k}{D}}$ を用いて，$Th = 0.1, 1, 10$ のグラフを作成しなさい．

解 答

(1) 定常状態として，

$$\frac{D_\mathrm{e}}{r^2}\frac{\mathrm{d}}{\mathrm{d}r}\left(r^2\frac{\mathrm{d}C}{\mathrm{d}r}\right) - kC = 0 \tag{1}$$

(2) $r = R$: $C = C_R$
$r = 0$: $\dfrac{dC}{dr} = 0$

(3) 式(1)から,
$$\frac{d^2C}{dr^2} + \frac{2}{r}\frac{dC}{dr} - \frac{k}{D_e}C = 0 \tag{2}$$
と変形できる．ここで，$A = C \cdot r$ とおくと，
$$\frac{d^2}{dr^2}\left(\frac{A(r)}{r}\right) = \frac{1}{r}\frac{d^2A}{dr^2} - \frac{2}{r^2}\frac{dA}{dr} + \frac{2A}{r^3}$$
$$\frac{2}{r}\frac{d}{dr}\left(\frac{A(r)}{r}\right) = \frac{2}{r^2}\frac{dA}{dr} - \frac{2A}{r^3}$$
したがって式(2)は，
$$\frac{d^2A}{dr^2} - \frac{k}{D_e}A = 0$$
これを解いて
$$A = C_1 \exp\left(\sqrt{\frac{k}{D_e}} \cdot r\right) + C_2 \exp\left(-\sqrt{\frac{k}{D_e}} \cdot r\right) \quad (C_1, C_2 \text{ は積分定数})$$
ゆえに, $C = \dfrac{C_1}{r}\exp\left(\sqrt{\dfrac{k}{D_e}} \cdot r\right) + \dfrac{C_2}{r}\exp\left(-\sqrt{\dfrac{k}{D_e}} \cdot r\right)$

境界条件 $r = 0$ から,
$$C = \frac{C_3}{r}\sinh\left(\sqrt{\frac{k}{D_e}} \cdot r\right) \quad (C_3 \text{ は定数})$$
$r = R$ のとき $C = C_R$ であるから，濃度分布を与える式(3)を得る．
$$\frac{C}{C_R} = \frac{R}{r}\frac{\sinh\sqrt{\dfrac{k}{D_e}} \cdot r}{\sinh\sqrt{\dfrac{k}{D_e}} \cdot R} \tag{3}$$

(4) チーレ数を用いると，式(3)は式(4)となる．
$$\frac{C}{C_R} = \frac{R}{r}\frac{\sinh\left(Th\dfrac{r}{R}\right)}{\sinh Th} \tag{4}$$
$Th = 0.1, 1, 10$ それぞれの場合の r/R と C/C_R の関係をグラフに表すと，次のようになる．グラフから，反応が律速 ($Th = 0.1$) になるほど炭素球内部の酸素濃度分布は緩やかになり，拡散が律速 ($Th = 10$) になるほど炭素表面付近で急激に酸素が消費されることがわかる．

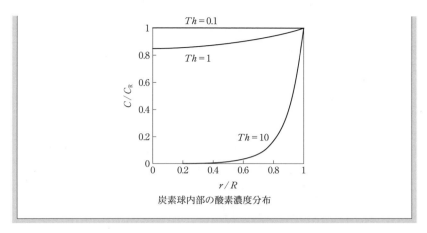

炭素球内部の酸素濃度分布

参考文献

1) 仁科辰夫，FB テクニカルニュース，**64**，3 (2008).
2) 浅井 滋ら，鉄と鋼，**68**，426 (1982).
3) 碇 賢，山口由岐夫，化学工学，**61**(3)，170 (1996).
4) 張 躍ら，*J. Ceram. Soc. Jpn.*, **100**, 1070 (1992).
5) S. Inasawa, Y. Oshimi, H. Kamiya, *Soft Matter*, **12**, 6851 (2016).
6) 椋田隆司，化学工学論文集，**30**，745 (2004).
7) 落合 満，エアロゾル研究，**5**，32 (1990).
8) 山口由岐夫，"ものづくりの化学工学"，丸善出版 (2015), p. 88.

第4章　非平衡性と非線形性

　製造プロセスは基本的に**非平衡**であるが，平衡の仮定は変数を減らせるため，さまざまな単位操作で有効に用いられている．蒸留プロセスを例にとると，**気液平衡**の仮定と物質収支から理論段数を求め，効率を考慮して実段数を決定する．このように効率は非平衡性の程度を表しており，効率は気液界面の輸送過程から求められる．非平衡性を平衡からの偏差としてとらえる方法は，界面輸送における境膜モデルにも用いられており，ここでは気液界面の**平衡仮説**が使われている．

　これまでの単位操作においては，平衡論と物質収支と熱収支からプロセスが設計され，**反応速度論**や**移動速度論**から装置が設計されている．このように，収支をベースに，平衡論と速度論を用いて，化学工学は体系化(第1章)されている．一方，材料・プロセスにおいては，収支や平衡論や速度論に加えて，**非平衡相変化**(第2章)による材料の構造形成を考慮する必要がある．なぜなら，材料・プロセスの単位操作は，製造コストに加えて，材料構造に依存した製品性能の目標を達成する必要があるからである．

　非平衡相変化は表4.1に示すように，熱力学系と流体力学系に分けられ，流体力学系の非平衡相変化はあまり知られていない．しかし，プロセス特性のモード変化を流体力学系の非平衡相変化とすると，単位操作一般に展開できるため，流体力学系の非平衡相変化はきわめて重要な概念である．さらに，流体力学系以外にも，たとえば，**放電プラズマも非平衡相変化**[1]ということができる．放電プラズマは中性分子をエネルギー電子の衝突により電離させた，中性粒子から荷電粒子への相転移である．

　コロイド系を例に考えてみよう．熱力学的な構造形成は，粒子間相互作用と粒子・溶媒間相互作用に依存し，コロイド化学として発展してきた．一方，流体力による分散と凝集は，流体力と粒子群の非線形相互作用のため，理論的展開が遅れている．その結果，企業の研究開発や製造の現場の課題や対策の多くは，企業内のノウハウとして蓄積され，体系化は十分に進んでいない．化学工学がコロイド系をコロイド工学として体系化することが望まれている．

　本章では材料・プロセスにおいて現れる非平衡性と非線形性について取り上げ，そ

表 4.1 非平衡相変化の分類

	相変化	現　象	要　因
熱力学系	相分離	核発生 スピノーダル分解	溶解度が小さい 溶解度が大きい
	相転移	ゲル化	パーコレーション
流体力学系	相分離	shear thickening density segregation	流体力，粒子間相互作用 移流，拡散係数
	相転移	乱流転移 振動ゲル化	慣性力，粘性力 流体力，パーコレーション
	相転移 （モード変化）	気泡塔ヒステリシス 流動層ヒステリシス 核・膜沸騰転移 熱対流	流体力，気泡間相互作用 流体力，粒子間相互作用 流体力，気泡間相互作用 浮力，粘性力
その他	相転移	非平衡プラズマ	電界，分子・電子反応

流体力学系の相変化は材料・プロセスにおいて現れ，材料の微細構造と関連している．ほかにも，非平衡プラズマや電磁場など非平衡相変化はさまざまなプロセスに存在する．

の特徴を説明する．製造プロセスにおけるモード変化はスケールアップにおいて発現することが多く，トラブルの原因になるので注意が必要である．

4.1 非平衡性

"ものづくり"プロセスは**非平衡開放系**である．非平衡系における構造形成は，**自己組織化**(self-organization)という自発的な構造形成を起こし，さまざまな事象の構造形成に応用展開されている．たとえば，生物の進化論において，進化というベクトル(方向性)は，自己組織化的な構造形成[2]と理解されつつある．自己組織化は非平衡状態が不安定化して，自発的に安定な秩序構造を形成する．

"ものづくり"の製造プロセスにも，非平衡系の自己組織化が現れる．たとえば，沸騰現象における核沸騰や膜沸騰などの転移現象は自己組織化である．身近な現象として，生クリームの泡立ちによるゲル化など，食品や料理にも多くの事例を挙げられる．しかし，自己組織化という概念は，工学体系のなかに明確に位置づけられていない．その理由は，**平衡論**や**速度論**などのように，十分に理論的な体系化がなされておらず，現象論的な解釈が多いためである．理学や工学のみならず経済学や社会学などにおいても，自己組織化は重要な概念であると認識されている．システムは要素の集

合体であり,要素のネットワーク構造により,システム全体の特性が決まる.自己組織化においては,システム特性が要素の結合に影響を与える再帰的な構造を示す.いいかえると,フィードバック機構が作用しているということになる.つまり,要素間の相互作用が全体システムを決め,逆に要素間の相互作用に影響を与える.化学工学体系に自己組織化を組み込むことが期待される.

4.2 非線形性

単位操作は**線形近似**を用いて,解析しやすいように工夫されている.溶質分子や粒子が希薄な場合には,それらの相互作用は無視できるため,線形近似が成立する.一方,濃厚系では粒子間相互作用は無視できず,線形近似では運転限界を予測することはできない.その結果,非線形性を無視すれば,スケールアップ後に品質問題が生じ,生産速度を落とすことになりかねない.なぜならば,品質問題のほとんどは,**非平衡性**と**非線形性**に起因するからである.これに対処するためのシナリオを,下記にまとめておく.

① ラボ実験の品質指標と操作条件の非線形関係を明らかにする.
② プロセスに内在する非線形性を把握する.
③ プロセスの非線形性の変化と品質の関係を明らかにする.

単位操作は表 4.2 に示すように,収支間にさまざまな非線形性を内在している.物質収支の非線形性は反応速度定数の温度依存性に起因し,運動量収支の非線形性は慣性力に起因する.それぞれの収支式の連成により,非線形性が強くなり複雑性が増す.その結果,数値流体力学(CFD:computational fluid dynamics)に頼ることも多くなるが,現象の本質を見極める洞察力を磨くためにも,**化学工学モデル**を活用することが望ましい.

表 4.2 収支における非線形性

	物質収支	熱収支	運動量収支
物質収支	反応	反応速度	密度
熱収支	反応熱	輻射伝熱	熱対流
運動量収支	圧力	浮力	慣性力

プロセスのモード変化は非線形性に起因する.横から見て縦により非線形成が発現する要因を示している.たとえば,物質収支では反応次数や反応速度定数の温度依存性に非線形性が現れる.さらに,運動による密度不連続な現象にも非線形性が現れる.

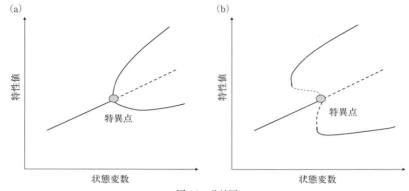

図 4.1　分岐図
(a) 超臨界分岐，(b) 亜臨界分岐．状態変数が小さいときは線形であるため解は一意的であるが，状態変数が大きくなると非線形性が強くなり解の多解性が特異点から現れる．もとの解は不安定化し，新たに二つの解が現れ，ゆらぎにより一つが選択される．(b) の亜臨界分岐では，ヒステリシスや楔形振動が現れる．

4.3　特異点

特異点は微分不能や不連続な点として定義されている．x/y という関数を例にとると，特異点である $y = 0$ において不定になる．図 4.1 に示すように，特異点は**超臨界分岐**と**亜臨界分岐**に分類[3]される．前者は連続変化で，後者は不連続変化を示す．超臨界分岐の特異点から対称的な二つの安定解が派生し，わずかな"ゆらぎ"により，どちらか一方が選ばれる．別のいい方をすると，もとの解は特異点で不安定化し，派生した二つの安定解の片方が，"ゆらぎ"により選択される．そして，特異点は"ゆらぎ"により消滅し，結果として，もとの解から派生した安定解への連続的変化に至る．一方，亜臨界分岐の特異点の周囲に安定解はなく，**非定常過程**を経て不連続的に新たな安定解に到達する．

特異点の求め方

　非線形微分方程式の特異点を求める方法は，線形化行列（**ヤコビ行列** J, Jacobian matrix）の行列式 $\det[J]$ をゼロとすることから求められ，**固有値解析**から**安定性**も判定できる[3]．具体的に，微分方程式を格子点で離散化すると，非線形代数方程式 (4.1) を得る．

$$\underline{Y} = \underline{f}(\underline{X}) \tag{4.1}$$

微分形式で表すと式(4.2)となる．

$$d\underline{X} = \frac{\partial \underline{f}}{\partial \underline{Y}} d\underline{Y} \tag{4.2}$$

ここで，$\underline{\underline{J}} = \frac{\partial \underline{f}}{\partial \underline{Y}}$ はヤコビ行列である．そして，ヤコビ行列式 $\det[\underline{\underline{J}}]$ がゼロになる点，つまり式(4.3)が特異点となる．

$$\det[\underline{\underline{J}}] = 0 \tag{4.3}$$

　化学工学モデルは物質，熱エネルギー，運動量などの保存式であり微分方程式になっている(第1章)．化学工学モデルを立てると，式(4.1)が得られ特異点が求まる．このように，特異点解析によりプロセスのモード変化や安定性を判定することができる．たとえば，演習問題1に示すように，化学工学モデルの微分方程式から特異点を求め，反応器の**安定限界**や，燃焼性ガスの**爆発限界**をはじめ，さまざまな**非平衡相図**(特異点の集合)を求めることができる[1]．

相変化の特異点

　相分離や相転移が起きる場合，特異点は**臨界点**とよばれる．熱力学的な非平衡相変化には不連続変化と連続変化の2種類があり，それぞれ亜臨界分岐と超臨界分岐に対応している．平衡相図(図2.2)の**スピノーダル線**は，臨界点[4]の集合である．

プロセスの特異点

　プロセスのモード変化が起きる点は特異点であり，単位操作に応じて固有の用語が用いられている．たとえば，流動層における**流動開始**点，乾燥における**減率乾燥開始**点，沸騰伝熱における**核沸騰**点や**膜沸騰**点などが挙げられる．しかし，これらの多くは連続的変化のため，特異点という認識はほとんどない．プロセスのモード変化を特異点と関係づけることにより，単位操作に共通したモード変化の一般化に役立つ．たとえば，図4.2に示すように，容器の底面が熱く(hot)上面が冷えている(cool)と，底部の密度が低下して，密度不安定となり熱対流が起きる．この対流開始点は，**臨界レイリー数** Ra_c (浮力／粘性力)で表され，たとえば，中心上昇流れ(center-up)のモードが選択される[1]．そして，対流による熱輸送増加により，**ヌッセルト数** Nu が大きくなる．この例のように，不安定性を解消するようにモード変化が起きる．

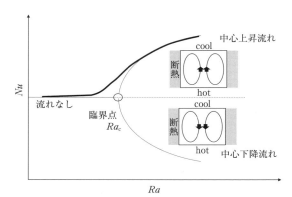

図 4.2 熱対流の分岐図
容器上下の温度差が大きくなると，流れのない状態から二つの対称な対流が発生し，ゆらぎによりどちらか一方が選択される．その結果，Nu が大きくなり伝熱フラックスは増加する．

4.4 ヒステリシス

　ヒステリシスはプロセスの行きと帰りでルートがかわり，双安定な二つの解を行き来する現象である．非線形性が強くなり，亜臨界分岐が存在すると，ヒステリシスが現れる．ヒステリシスの特徴は，図 4.3 に示すように三つの解が存在する領域があり，一つは不安定解(点線)であり，二つの安定解(実線)を有することである．別のいい方をすれば，初期値依存性があり，臨界点の右側と左側で安定解が異なる．材料に

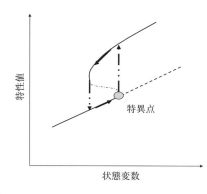

図 4.3 プロセスのヒステリシス
特異点のまわりに安定な解が存在しないとき(亜臨界分岐)，新たな安定解に非定常に変化する．そして，駆動力の低下に伴いもとの安定解に落ち込む．この結果，ヒステリシスや楔形振動を引き起こす．

4.4 ヒステリシス

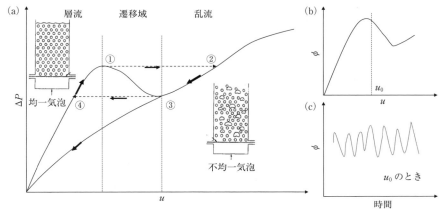

図 4.4 気泡塔のヒステリシスと振動

ΔP が①に到達すると，②まで非定常過程を経て転移し，③まで安定解を移動する．そして③に到達すると，④まで非定常過程を経て転移する．その後①まで安定解を移動し，このサイクルを繰り返し振動解となる．駆動力は ΔP で流速 u は結果である．よって，ΔP は u の三価関数の場合，遷移域は不安定解となる．層流域では気泡の合一は起きないが，乱流域では乱流強度に応じて気泡の合一と分裂が起きる．ガスのホールドアップ ϕ は ΔP と関係があり(b)に示す．また，遷移域に入ると，(c)に示すように楔形振動が現れる．とくに，不純物や界面活性剤が存在すると，(a)の遷移域は顕在化する．これは，気泡界面の安定化により誘発される．

おけるヒステリシス現象は，吸脱着特性のように材料構造に起因している．

プロセスにおけるヒステリシスは，材料のヒステリシスほどにはよく知られていない．**気泡塔**を例にプロセスのヒステリシスを説明しよう．ガス流量 u を横軸に，ガスホールドアップ ϕ を縦軸にとると(図 4.4(b))，u から見れば ϕ は一価関数であり，ヒステリシスは見られない[5]．しかし，図 4.4(a)に示すように，ガス圧力損失 ΔP と u の間にはヒステリシスがある．本来は ΔP を横軸(操作因子)にとり，u は結果であるため縦軸にとると，図 4.3 のようになる．しかし，慣用的に横軸と縦軸が入れかわり，ヒステリシスが見えにくくなっている．詳細は省くが，このヒステリシスは気泡の合一と分裂によるもので，**界面活性剤**や不純物などの気泡表面吸着物の存在があると，ヒステリシスは顕在化する．そして，図 4.4(c)に示すように，ヒステリシスに対応して ϕ に**振動**[6]が起きる．ヒステリシスは**層流レジーム**から遷移域を経て**乱流レジーム**に変化する現象に対応している．乱流レジームでは，気泡の合一と分裂は乱流強度に依存し，気泡サイズは動的に決まる．気泡表面が安定化していると，合一や分裂に過剰なエネルギーが必要になるため，ヒステリシスが現れる．

流動層においても，粉体間の相互作用が強い場合に(粒子径が 10 μm 以下)，類似

のヒステリシス[7]が見られることがある．以上より，ヒステリシスが現れるのは，気泡群や粒子群と連続相の非線形相互作用により形成される**散逸構造**に起因する．

4.5 インキュベーション

プロセスの速度過程において，変化が急に顕在化する場合に，初期の潜伏期間を**インキュベーション**とよぶ．これは，自然科学のみではなく，社会科学や人文科学，さらに経済学に至るまで普遍的な現象である．インキュベーションにはいくつかのタイプがある．

シグモイド型

自己触媒反応系においては，**シグモイド型**(図 4.5(a))を示すことが多く，とくに生体系の酵素反応においては顕著である．医療分野においても，自己免疫疾患がシグモイド型[8]を示すことが明らかになっている．

過飽和型

析出プロセスにおいて，**核発生**に至るまでの誘導期間としてインキュベーション(図 4.5(b))が現れる．**ゲル化**にもインキュベーションが見られ，粘度の急激な増加に至る．反応系のインキュベーションの多くは，モノマーからオリゴマーに至る**前駆体**の増加が先導し(反応律速)，**臨界過飽和**に達し核発生に至る．核発生の後は，**前駆**

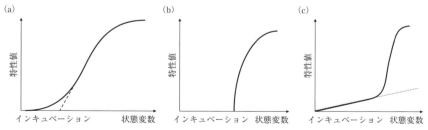

図 4.5 3 種類のインキュベーション

(a) シグモイド型，(b) 過飽和型，(c) インヒビター型．シグモイド型には変曲点が存在し，この変曲点で最大効率となる．変曲点以下においては相分離が起き，スピノーダル分解などに見られる．過飽和型インキュベーションは核発生などに見られる．インヒビター型はインヒビターにより抑制されるが，インヒビターの消滅によりアクセレレーターが顕在化する．反応をはじめ多くの単位操作に見られる．インヒビターの制御が重要である．

体の拡散律速となり核成長する．

インヒビター型

　反応系は，アクセレレーター(活性)因子とインヒビター(抑制)因子の競合過程と考えられている．そして，**インヒビター**の失活により急激に反応が進行し，インキュベーション(図 4.5(c))が現れる．たとえば，ラジカル反応において開始剤とインヒビターを組み合わせ，インヒビターが失活すると反応が急速に起きるため，分子量分布が狭くなる．**フォトレジスト**の光化学反応も，インヒビターの添加により，空間的な解像度がよくなる．このように，インヒビターは反応を抑制することにより，分子量分布や粒子径分布などの均一性を向上させる．酸素は代表的なインヒビターであるが，制御が難しく利用は限定的である．金属材料表面の酸化物も，一種のインヒビター[9]である．この酸化物が除去されると，反応が急激に進行する．

　生体には**興奮性シナプス**と**抑制性シナプス**の拮抗状態[10]があり，抑制性シナプスの失効により，一気に興奮性シナプスの機能が顕在化する．このように，インヒビターを用いて，機能の向上を図ることは，材料開発においてもきわめて重要である．インヒビター型とシグモイド型の作用原理は類似しているが，前者は人為的に制御できるという意味で，分類を別にした．

4.6　自励振動

　自励振動は材料特性やプロセス特性が自発的に振動することであり，外部振動に応

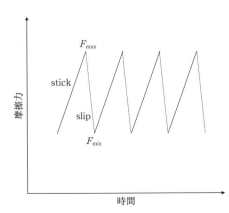

図 4.6　摩擦の stick and slip 振動
stick は正抵抗のため安定で，slip は負抵抗のため不安定である．摩擦力は F_{min} から F_{max} までは stick 状態により増加し，F_{max} に到達すると slip 状態となり，安定な F_{min} まで減少する．たとえば，コーヒーリングにおいては乾燥粒子の堆積層の成長は stick に相当し，端部における液と粒子層の力学的つり合いが破れ(特異点)，slip して不連続にリング形成に至る．

答する**強制振動**と区別される．ヒステリシス型の自励振動は**双安定解**を行き来する振動系であり，楔形の振動波形に特徴がある．たとえば，摩擦における摩擦力の時間振動（図4.6）や，液滴乾燥における**コーヒーリング効果**の空間振動[11]もヒステリシス型の stick and slip 現象である．

液相の**部分酸化反応**のような不均一系の反応にも振動[12]が見られる．このような不均一系の振動は，たとえば，気泡からの酸素の界面輸送が律速の場合に顕著である．溶存酸素濃度が低下すると，液相酸化反応速度は低下し，その結果，界面輸送の増加により溶存酸素濃度が増え，反応速度が増加し，溶存酸素濃度は低下する．これを繰り返し，**反応振動**が起きる．

4.7 非線形系のスケールアップ

単位操作に振動やインキュベーションがある場合には，スケールアップに注意が必要である．振動プロセスは避けるべきであるが，避けられない場合もある．振動にはすでに説明したように，反応によるものと流動によるものがあり，分けて対策を考える必要がある．たとえば，反応起因の場合には，溶存酸素濃度を上げる工夫をする．一方，流動起因の場合には，空気圧を上げて安定な乱流レジームで運転する．

インキュベーションのある場合のスケールアップを，**反応晶析**プロセスの例で考えてみよう．基本的なスケールアップのシナリオは，インキュベーションの前後（核発生の前後）でプロセスを分けることである．粒度分布を狭くしたい場合には，前駆体の反応と核発生を分け，連続槽型反応器（CSTR：continuous stirred tank reactor）と管型反応器（PFR：plug flow reactor）の直列二段反応にする．前駆体反応はCSTRを用いて，撹拌を強化し，反応速度をできるだけ大きくする．一方，核発生は瞬時に起こさせた後，混合を避けるためPFRとする．たとえば**ゼオライト**合成を取り上げよう．最近，回分型**水熱合成法**ではなく，二液混合型流通合成システム[13]が開発され，これまでと比べ合成時間が著しく短縮された．この方法の原理は，すでに説明したように，CSTRとPFRの組合せにある．つまり，ゼオライトの前駆体は，CSTRを用いてあらかじめ合成しておき，この前駆体と高温スチームを乱流混合し，急速昇温により瞬時に核発生させる．気相の**カーボンブラック**（CB）合成は，液相のゼオライト合成とコンセプトが類似している．つまり，合成のポイントは，CSTRとPFRの組合せにあり，PFRの**乱流混合**により急速昇温して，瞬時に核発生させた後，反応停止させることにある．この例に見られるように，非線形性の強い単位操作のスケールアップには，指導原理（ここでは，前駆体反応場と核発生場を分ける）が重要である．

演習問題 1

CSTR における濃度 C，温度 T に関する不安定性を考える．物質収支方程式から，

$$\frac{\partial C}{\partial t} = \frac{F}{V}(C_{\text{in}} - C) - k_0 \exp\left(-\frac{E}{RT}\right) C \quad (1)$$

ここで，F は体積流量，V は反応器体積，E は活性化エネルギーである．一方，エネルギー収支から式(2)を得る．

$$\rho C_{\text{p}} \frac{\partial T}{\partial t} = \rho C_{\text{p}} \frac{F}{V}(T_{\text{in}} - T) - k_0 \exp\left(-\frac{E}{RT}\right) \Delta HC - hS(T - T') \quad (2)$$

ここで，ρ は密度，C_{p} は定圧比熱，k_0 は反応速度定数，ΔH は反応熱，h は伝熱係数，S は伝熱面積，T' は冷媒温度，T_{in} は投入原料温度である．

(1) 定常状態での濃度 C_{s}，温度 T_{s} の満たす式を書きなさい．

(2) 定常状態からの偏差を摂動項 δ_{C}, δ_{T} として $(C = C_{\text{s}} + \delta_{\text{C}}, T = T_{\text{s}} + \delta_{\text{T}})$，定常解のまわりで一次のテイラー展開をして線形化しなさい．二変数関数の一次のテイラー展開は

$$f(a+h, b+k) \approx f(a, b) + \left(h\frac{\partial}{\partial x} + k\frac{\partial}{\partial y}\right) f(a, b)$$

で表せるとする．

(3) $\underline{X} = \begin{pmatrix} \delta_{\text{C}} \\ \delta_{\text{T}} \end{pmatrix}$, $\underline{\underline{A}} = \begin{pmatrix} -a_{11} & -a_{12} \\ -a_{21} & -a_{22} \end{pmatrix}$ とすると，線形化した連立微分方程式は

$\frac{\partial}{\partial t} \underline{X} = \underline{\underline{A}}\, \underline{X}$ と表現することができる．ここで $\underline{X} = \underline{\eta} \exp(\lambda t)$ とおき，変数分離して特性方程式を導き，固有値 λ を求めなさい．また，摂動項が時間に対して安定であるための必要十分条件を求めなさい．

解 答

(1) 定常状態なので式(1)と式(2)の時間微分の項を 0 にして

$$0 = \frac{F}{V}(C_{\text{in}} - C_{\text{s}}) - k_0 \exp\left(-\frac{E}{RT_{\text{s}}}\right) C_{\text{s}}$$

$$0 = \rho C_{\text{p}} \frac{F}{V}(T_{\text{in}} - T_{\text{s}}) - k_0 \exp\left(-\frac{E}{RT}\right) \Delta HC - hS(T - T')$$

(2) $C = C_{\text{s}} + \delta_{\text{C}}, T = T_{\text{s}} + \delta_{\text{T}}$ を代入して，定常項の周辺でテイラー展開すると

$$\frac{\partial \delta_{\text{C}}}{\partial t} = -\left\{\frac{F}{V} + k_0 \exp\left(-\frac{E}{RT_{\text{s}}}\right)\right\} \delta_{\text{C}} - \frac{E}{RT_{\text{s}}^2} k_0 \exp\left(-\frac{E}{RT_{\text{s}}}\right) C_{\text{s}} \delta_{\text{T}}$$

$$\frac{\partial \delta_{\text{T}}}{\partial t} = -\frac{\Delta H}{\rho C_{\text{p}}} k_0 \exp\left(-\frac{E}{RT_{\text{s}}}\right) \delta_{\text{C}}$$

$$\qquad - \left\{\frac{F}{V} + \frac{\Delta H}{\rho C_{\text{p}}} \frac{E}{RT_{\text{s}}^2} k_0 \exp\left(-\frac{E}{RT_{\text{s}}}\right) C_{\text{s}} + \frac{h}{V\rho C_{\text{p}}}\right\} \delta_{\text{T}}$$

このように線形化することができる.

(3) $a_{11} = \dfrac{F}{V} + k_0 \exp\left(-\dfrac{E}{RT_s}\right)$, $a_{12} = \dfrac{E}{RT_s^2} k_0 \exp\left(-\dfrac{E}{RT_s}\right) C_s$

$a_{21} = \dfrac{\Delta H}{\rho C_p} k_0 \exp\left(-\dfrac{E}{RT_s}\right)$,

$a_{22} = \dfrac{F}{V} + \dfrac{\Delta H}{\rho C_p} \dfrac{E}{RT_s^2} k_0 \exp\left(-\dfrac{E}{RT_s}\right) C_s + \dfrac{h}{V\rho C_p}$

特性方程式は,
$$(\underline{\underline{A}} - \lambda \underline{\underline{E}})\underline{\eta} = \underline{0} \qquad (E \text{ は単位行列})$$
これより固有値 λ は
$$\lambda^2 + (a_{11}+a_{22})\lambda + a_{11}a_{22} - a_{12}a_{21} = 0$$
という特性方程式の解となる. $\underline{X}$ が時間に対して安定であるためには, 固有値 λ の実部が負になることが必要十分条件である. λ の解は
$$\lambda = \dfrac{-(a_{11}+a_{22}) \pm \sqrt{(a_{11}+a_{22})^2 - 4(a_{11}a_{22}-a_{12}a_{21})}}{2}$$
となり, 実部がつねに負になるためには次の条件を満たせばよい.
$$a_{11} + a_{22} > 0$$
$$a_{11}a_{22} - a_{12}a_{21} > 0$$
a_{11}, a_{12}, a_{21}, a_{22} それぞれにもとの式を代入して整理すると
$$\dfrac{2F}{V} + k_0 + \dfrac{h}{V\rho C_p} > \left(\dfrac{-\Delta H}{\rho C_p}\right) \dfrac{E}{RT_s^2} k_0 C_s$$
$$\dfrac{F}{V} + k_0 + \dfrac{h}{V\rho C_p} + \dfrac{h}{F\rho C_p} k_0 > \left(\dfrac{-\Delta H}{\rho C_p}\right) \dfrac{E}{RT_s^2} k_0 C_s$$
両式ともに右辺は反応により発熱する大きさを表した項で, 左辺は放熱を表している. 右辺が左辺よりも下回ると定常状態の周辺で外乱が発生しても自動的に定常状態へ戻ることができ安定である.

演習問題 2

ラジアルフロー型の充塡層触媒反応器を考える. 成分 A を含むガスが上部から注入され触媒層を通り, 出口から排出される. このとき, r 軸方向の A の濃度分布を考えよう. A は二次反応であり, 反応によるモル濃度変化はないとする.

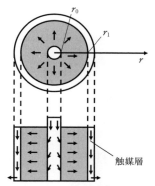

物質Aの収支式は，定常状態であり，円筒座標系を用いて以下のように表せる．

$$0 = -\frac{1}{r}\frac{\partial}{\partial r}(rv_{r}C) + \frac{1}{r}\frac{\partial}{\partial r}\left(rD\frac{\partial C}{\partial r}\right) + \gamma(C) \tag{1}$$

境界条件　　$r = r_0$　　$C = C_0$

$r = r_1$　　$\dfrac{\partial C}{\partial r} = 0$

ここで r は半径方向軸，r_0 は入口，r_1 は出口，v_r はガス速度，D は拡散係数，C_0 は A の入口濃度 (mol m^{-3})，$\gamma(C)$ は反応項を表している．

また，ガスは非圧縮であると仮定し，$\text{div}\, v_r = 0$ であり，これを円筒座標系で表すと式(2)となる．

$$\frac{1}{r}\frac{\partial}{\partial r}(rv_r) = 0 \tag{2}$$

ガスの速度は，$r = r_0$ のとき $v = v_0$ とする．式(2)を解くと，v_r は式(3)となる．

$$v_r = \frac{r_0}{r}v_0 \tag{3}$$

式(3)を式(1)に代入すると

$$0 = -\frac{1}{r}\frac{\partial}{\partial r}(r_0 v_0 C) + \frac{1}{r}\frac{\partial}{\partial r}\left(rD\frac{\partial C}{\partial r}\right) - kC^2 \tag{4}$$

式(4)を解くと，触媒層の r 軸方向の A の濃度分布が得られる．

式(4)の両辺に r を掛けると，

$$0 = -\frac{\partial}{\partial r}(r_0 v_0 C) + \frac{\partial}{\partial r}\left(rD\frac{\partial C}{\partial r}\right) - kC^2 r \tag{5}$$

式(5)を r 軸方向に差分化する．

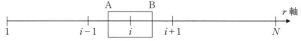

差分化にはさまざまな手法があるが，今回は上図のように考えるとする．

(1)　$2 \leq i \leq N-1$ の範囲で式(5)の各項を A から B までを積分することで

代数方程式 $f_i(C)$ へと変換しなさい．ただし D, k は r に依存せず一定であるとする．

(2) (1)で求めた代数方程式は $2 \leq i \leq N-1$ のときに成立する．さらに境界条件から

$$f_1(C) = C_1 - C_0 = 0 \tag{6}$$

$$f_N(C) = C_{N-1} - C_N = 0 \tag{7}$$

の2式を加えると，未知数 N 個 $(C_1 \sim C_N)$，代数方程式 N 個 $(f_1 \sim f_N)$ が与えられる．この連立方程式を Newton 法で解く．以下にその手法を示す．$\underline{f}$ は方程式 $(f_1 \sim f_N)$ のベクトル，$\underline{C}$ は未知数 $(C_1 \sim C_N)$ のベクトルを表す．

$$\underline{f}(\underline{C}) - \underline{f}(\underline{C}_{\text{old}}) = \left(\frac{\partial \underline{f}}{\partial \underline{C}}\right)_{\underline{C} = \underline{C}_{\text{old}}} (\underline{C} - \underline{C}_{\text{old}}) \tag{8}$$

$$\underline{f}(\underline{C}) = \underline{0} \tag{9}$$

式(8)と式(9)との連立方程式の解が $\underline{C}_{\text{new}}$ となる．ここで $\left(\frac{\partial \underline{f}}{\partial \underline{C}}\right)_{\underline{C} = \underline{C}_{\text{old}}}$ をヤコビ行列とよび $\underline{\underline{J}}$ と表す．

$$\left(\frac{\partial \underline{f}}{\partial \underline{C}}\right)_{\underline{C}=\underline{C}_{\text{old}}} = \underline{\underline{J}} = \begin{pmatrix} \frac{\partial f_1}{\partial C_1} & \frac{\partial f_1}{\partial C_2} & \cdots & \frac{\partial f_1}{\partial C_N} \\ \frac{\partial f_2}{\partial C_1} & \frac{\partial f_2}{\partial C_2} & & \\ \vdots & & \ddots & \vdots \\ \frac{\partial f_N}{\partial C_1} & & \cdots & \frac{\partial f_N}{\partial C_N} \end{pmatrix} \tag{10}$$

この行列表現のなかの C はすべて既知である C_{old} を用いる．すると式(8)と式(9)より，

$$\underline{C}_{\text{new}} = \underline{C}_{\text{old}} - \underline{\underline{J}}^{-1} \underline{f}(\underline{C}_{\text{old}}) \tag{11}$$

式(11)より $\underline{C}_{\text{new}}$ を求め，$\underline{C}_{\text{old}}$ との差が小さくなるまで繰り返し計算する．式(6)と式(7)からヤコビ行列を具体的に計算しなさい．

ただし，$\frac{\partial f_i}{\partial C_{i-1}} = \alpha_i$, $\frac{\partial f_i}{\partial C_i} = \beta_i$, $\frac{\partial f_i}{\partial C_{i+1}} = \gamma_i$ としなさい．

(3) 初期値 $\underline{C}$ を与え，式(11)を解いて $\underline{C}_{\text{new}}$ を求める．具体的に反応速度定数 $k = 0.1$, 拡散係数 $D = 1.0 \times 10^{-4}$ m^2 s^{-1}, $r_0 = 0.1$ m, $r_1 = 1.0$ m, 入口での A の濃度 $C_0 = 1.0$ mol m^{-3}, 入口でのガス速度 $v_0 = 0.1$ m s^{-1} のとき A の濃度分布を求めなさい．

解答

(1)

$$\text{移流項} \quad -r_0 v_0 \int_A^B \frac{\partial C}{\partial r} dr = -r_0 v_0 [C]_A^B = -r_0 v_0 (C_B - C_A)$$

$$= -r_0 v_0 \left(\frac{C_{i+1} + C_i}{2} - \frac{C_i + C_{i-1}}{2}\right)$$

拡散項 $\quad D \int_A^B \frac{\partial}{\partial r}\left(r\frac{\partial C}{\partial r}\right)\mathrm{d}r = D\left[r\frac{\partial C}{\partial r}\right]_A^B = D\left(r_B \frac{\partial C}{\partial r}\bigg|_{r=B} - r_A \frac{\partial C}{\partial r}\bigg|_{r=A}\right)$

$$= D\left\{\left(\frac{r_{i+1}+r_i}{2}\right)\frac{C_{i+1}-C_i}{\Delta r} - \left(\frac{r_i+r_{i-1}}{2}\right)\frac{C_i-C_{i-1}}{\Delta r}\right\}$$

反応項 $\quad -k\int_A^B C^2 r \mathrm{d}r = -kC_i^2 \left[\frac{r^2}{2}\right]_A^B$

$$= -\frac{kC_i^2}{2}\left\{\left(\frac{r_{i+1}+r_i}{2}\right)^2 - \left(\frac{r_i+r_{i-1}}{2}\right)^2\right\}$$

以上をまとめると以下のようになる．
$$f_i(C) = D\left\{\left(\frac{r_{i+1}+r_i}{2}\right)\frac{C_{i+1}-C_i}{\Delta r} - \left(\frac{r_i+r_{i-1}}{2}\right)\frac{C_i-C_{i-1}}{\Delta r}\right\}$$
$$- r_0 v_0\left(\frac{C_{i+1}+C_i}{2} - \frac{C_i+C_{i-1}}{2}\right) - \frac{k}{2}\left\{\left(\frac{r_{i+1}+r_i}{2}\right)^2 - \left(\frac{r_i+r_{i-1}}{2}\right)^2\right\}C_i^2$$
$$= 0$$

(2) $2 \leq i \leq N-1$ の範囲のヤコビ行列を具体的に計算すると以下のようになる．
$$\frac{\partial f_i}{\partial C_{i-1}} = \frac{D}{\Delta r}\left(\frac{r_i+r_{i-1}}{2}\right) + \frac{r_0 v_0}{2} = \alpha_i$$

$$\frac{\partial f_i}{\partial C_i} = -\frac{D}{\Delta r}\left(\frac{r_{i+1}+r_i}{2} + \frac{r_i+r_{i-1}}{2}\right) - k\left\{\left(\frac{r_{i+1}+r_i}{2}\right)^2 - \left(\frac{r_i+r_{i-1}}{2}\right)^2\right\}C_i$$
$$= \beta_i$$

$$\frac{\partial f_i}{\partial C_{i+1}} = \frac{D}{\Delta r}\left(\frac{r_{i+1}+r_i}{2}\right) - \frac{r_0 v_0}{2} = \gamma_i$$

また，式(6)と式(7)より境界条件は
$$\frac{\partial f_1}{\partial C_1} = 1, \quad \frac{\partial f_N}{\partial C_{N-1}} = 1, \quad \frac{\partial f_N}{\partial C_N} = -1$$
として表せる．よって $\underline{\underline{J}}$ は以下のようになる．

$$\underline{\underline{J}} = \begin{pmatrix} 1 & 0 & \cdot & \cdot & & \cdot & 0 \\ \alpha_2 & \beta_2 & \gamma_2 & & & & \cdot \\ 0 & \alpha_3 & \beta_3 & \gamma_3 & & & \cdot \\ \cdot & & \cdot & \cdot & \cdot & & \cdot \\ \cdot & & & \cdot & \cdot & \cdot & 0 \\ \cdot & & & & \alpha_{N-1} & \beta_{N-1} & \gamma_{N-1} \\ 0 & \cdot & \cdot & \cdot & & 1 & -1 \end{pmatrix}$$

(3) Newton 法を用いて具体的に計算すると，以下のような濃度分布となる．

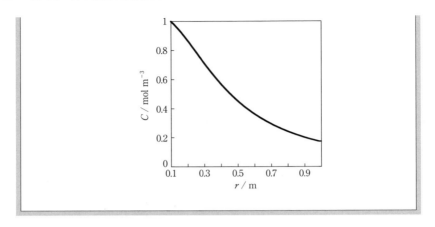

参考文献

1) 山口由岐夫,·"ものづくりの化学工学",丸善出版 (2016).
2) S. Kauffman 著, 米沢富美子 訳, "自己組織化と進化の論理―宇宙を貫く複雑系の法則", ちくま学芸文庫 (2008).
3) 桑村雅隆, "パターン形成と分岐理論", 共立出版 (2015).
4) 桑原信弘, 浜野賢治, 高分子, **32**, 510 (1983).
5) J. Zahradnik, *et al.*, *Chem. Eng. Sci.*, **52**, 3811 (1997).
6) 上山惟一, 谷村志乃夫, 古崎新太郎, 化学工学論文集, **13**, 634 (1987).
7) R. Ojha, *et al.*, *Phys. Rev. E*, **62**, 4442 (2000).
8) S. Iwami, *et al.*, *J. Theor. Bio.*, **246**, 646 (2007).
9) 荒牧国次, 防食技術, **25**, 693 (1976).
10) 神保恵理子, 桜井真理子, 脳と発達, **47**, 215 (2015).
11) H. Bodiguel, *Langmuir*, **26**, 10758 (2010).
12) J.H. Jensen, *J. Am. Chem. Soc.*, **105**, 2639 (1983).
13) Z. Liu, *et al.*, *PNAS*, **113**(50), 14267 (2016).

第 5 章 流動特性

化学工学体系のなかで,流体力学は熱力学と同様に単位操作の根幹を構成している(第1章).流動は物質を輸送し攪拌混合を促進するだけではなく,流体力学的な**非平衡相変化**(第2章)を誘起するため,**混合,混練,分散,塗布,乾燥**などにおける材料の構造形成に決定的な影響を与える.流体力学的な非平衡相変化は,材料と流体運動の再帰的な関係により,**自己組織化**構造を形成する.そこに現れる強い**非線形性**(第4章)は直感による理解を超え,スケールアップにおいてさまざまな問題を顕在化させる.

本章では材料・プロセスにおける流動特性の理解の重要性について説明する.材料の構造変化は流動特性,とくに構造粘性に顕著であり,製造プロセスの限界速度や欠陥の誘発に関係する.構造粘性のせん断速度依存性と材料構造の関係を理解し,材料組成や配合にフィードバックして課題解決につなげることが望まれる.

5.1 層流と乱流

粘性支配の流れは壁の速度がゼロのため,壁付近に大きなせん断場を発生させ,壁と流体との摩擦力により流体エネルギーは壁で損失される.**レイノルズ数** Re を増加させると層流は不安定化し乱流に至る.乱流は並進自由度に加え回転自由度を獲得し,**渦運動**が支配的となり**乱流粘性**や**乱流拡散**が飛躍的に増大する.

乱流渦は壁近傍の大きなせん断場で発生し,バルクに輸送される.攪拌槽の場合には,攪拌翼の先端付近の乱流エネルギーはもっとも大きく,槽内にエネルギー分布が生じる.よって,スケールアップにおいては攪拌翼の形状や大きさ,壁との距離やバッフルなどの設計が重要になる.

境界層

壁近傍の大きな速度勾配の流れを**境界層**とよび,バルクの流れと区別する.球体を過ぎる流れでは,**剥離流**が顕在化し流体抵抗を支配する.Re が増加し,

$Re = 3\times10^5$ を超すと，剥離点が球体の後方に移動し，後方の渦流は収束し流体抵抗は減少する．さらに $Re = \infty$ になると**完全流体**に近づき，境界層を除いて容器内流れは完全流体近似が可能となる．別の見方をすると，境界層では流体エネルギーを壁に捨て，**エントロピー**の生成を最小にするような散逸構造[1]であると解釈できる．

境膜モデル

平衡論と**速度論**は工学のあらゆる分野で用いられており，工学における共通基礎体系である．化学工学では，気液など二相以上を扱うことが多い．平衡に至る動的変化は，ある特定の状態と平衡状態との偏差を推進力とする．つまり，化学工学で扱う速度論の多くは，平衡に至るという前提に立つと考えると理解しやすい．たとえば，図5.1 に示すように，気液界面の物質移動を例に示す．気相から液相に物質移動が起きる場合を吸収といい，逆を放散というが，いずれも界面を通過する．そこで，界面には気液が平衡状態 ($P^* = HC^*$：H は平衡定数) にあるとして，物質移動の流束 (**フラックス**) は平衡からの偏差 ($\Delta P = P - P^*$，$\Delta C = C^* - C$) を駆動力とする．ここで，

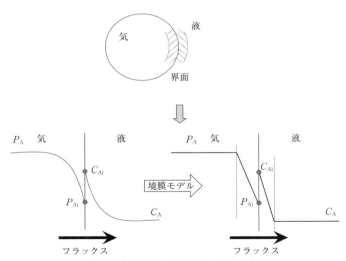

図 5.1 気液界面の物質移動の境膜モデル

P_A：A 成分の気相分圧，P_{Ai}：A 成分の界面分圧，C_A：A 成分の液相濃度，C_{Ai}：A 成分の界面濃度．境膜モデルでは気液界面におけるフラックスが等しくなるように境膜厚みが設定されている．気液界面を通過する流速はなく，フラックスは拡散のみによる．気液界面では平衡が成立していると仮定する．流速が大きいほど境膜厚みは小さくフラックスが大きくなる．

流束の概念は単位面積を単位時間当たりに通過する物理量と定義されており，速度（velocity）と区別する．化学工学は二相界面の**境膜モデル**[2]により，二相間の物質移動を容易に扱えるようにした．物質移動の抵抗を境膜に集約し，流動の影響を**境膜厚み**に限定し，境膜内は拡散のみによる物質移動とした．このようなモデル化により，複雑な反応装置や分離装置の設計が可能になっている．

乱流拡散

乱流を特徴づける渦の大きさは，**乱流エネルギー**と対応している．外部から注入されたエネルギーは大きな渦となり，さらに小さな渦に分裂して，大きな渦から小さな渦へと流れていく．渦は最終的に分子粘性により消滅し，運動エネルギーは熱エネルギーとして散逸する．渦の大きさは等方性乱流の場合，**コルモゴロフ径**で決まり，限界最小渦の大きさはせいぜい 10 μm である．乱流粘性や乱流拡散は渦構造と関係づけられ[3]，**分子粘性**や**分子拡散**に比較して数桁も大きい．よって，乱流による混合は分子拡散混合に比較して桁違いに速い．

噴流による微粒化

ジェット噴流は攪拌翼を用いない混合法で，可動部を避けたい**燃焼装置**[4]や攪拌槽などの乱流混合に用いられる．**ノズル噴流**は**スプレー乾燥**などに用いられ，乱流により液体を微粒化する．乱流による液体の微粒化[5]は，慣性力と表面張力の比である**ウェーバー数** We に支配され，およそ 10 μm 以上の液滴が得られる．一方，層流による微粒化は**マイクロチャネル**や**ホモジナイザー**などに用いられ，せん断力と表面張力の比である**キャピラリー数** Ca で整理[6]され，ホモジナイザーでは 1 μm まで微粒化が可能である．

ジェット噴流やノズル噴流において，液滴サイズは境膜抵抗を支配するためきわめて重要である．よって，実液で実験し，液滴径と We や Ca との相関をとる必要がある．装置内に設置された噴流は，循環流を発生させるため，液滴の壁面付着などにも注意が必要である．噴流による微粒化の数値シミュレーション[7]は実用レベルに達しているため，スケールアップにおいては事前に CFD を用いた検討を行うことを勧める．

マイクロチャネルリアクター

マイクロチャネルリアクターは層流を利用することが多く，**PFR**（plug flow reactor）の管径は 100 μm から 1 mm 程度である．層流では拡散律速になりやすく，反応

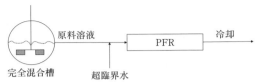

図 5.2 超臨界水を利用した材料合成
原料溶液と超臨界水の混合により,急速に析出が起きるため PFR を用いている.完全混合槽で反応を押し切り,PFR で核発生させ冷却して核成長を止める.

速度を大きくすることは難しいため,コストに見合う付加価値の高い応用分野に限定される.しかし,電子デバイスの小型化に伴い,マイクロチャネルリアクターへの期待は大きい[8].マイクロチャネルリアクターのスケールアップはナンバーリングアップといわれるように,PFR の本数を増やすためのメカニカルな課題に変換される.

超臨界場を利用した材料合成は,図 5.2 に示すように PFR を用いている.原理的には,超臨界水との乱流混合により急速昇温させ,PFR にて核発生させた後に冷却する[9].この PFR を,乱流混合を利用したマイクロチャネルリアクターと位置づけることもできる.核の前駆体は核発生によりほとんど消費されるので,核成長は期待できない.このように,PFR を核発生の場とする場合には,**過飽和度**を制御するため温度がもっとも重要な因子となる.温度制御は原料と超臨界水の比率,さらに混合速度などで行われる.

乱流燃焼

人類が火を手にして以来,燃焼は**エネルギー変換**プロセスとして,**ガソリンエンジン**から**バイオマス発電**に至るまで広範に用いられている.燃焼は**乱流燃焼**が主であり,**拡散燃焼**や**予混合燃焼**なども用途に応じて用いられる[10].燃焼は温度が高いために反応速度が大きく,拡散律速になりやすい.拡散律速になると好ましくない反応が起き,たとえば,**不完全燃焼**の結果として**すす**が発生[11]する.よって,スケールアップにおいては,乱流混合を促進するための装置的工夫が求められる.たとえば,**二流体ノズル**は液体燃料を高速気流により微粒化し,蒸発速度を上げガス化を促進するように工夫されている.この乱流混合を促進するために,PFR を採用[10]することもある.一方で,乱流混合を促進するために,コンプレッサーに負荷がかかり電気エネルギーが増加する.

ガソリンエンジンではエネルギー変換効率を高くするために,燃料の微粒化が促進

される．ガソリンは気化して酸素と混合し，爆発的な燃焼を起こす．このさい，微粒化と蒸発と混合が不十分になると，不完全燃焼の結果，すすが生成され燃料効率も低下する．ディーゼルエンジンには着火装置はなく，自発的な燃焼を起こさせるために圧縮比が高くなり，燃料効率がよくなる．その結果，燃焼温度は高温になり NO_x の発生が増える．一方で，燃焼温度を低下させるとすすの発生が増える．このように，NO_x とすすにはトレードオフ[12]の関係があり，ディーゼルエンジン開発の課題である．

廃棄物燃焼やバイオマス発電は，固体燃料ゆえに液体燃料のような微細化には限界があるため，おのずと燃焼速度の低下は免れない．しかも，COと NO_x にはトレードオフの関係があるため，燃料性状に合わせて空気量を制御する必要がある．燃焼炉の温度を推定する数理モデル[13]が必要になるが，制御用の簡便なモデル化はあまり進んでいない．燃焼炉のスケールアップはトレードオフの課題も多く，化学工学の展開が期待される．

5.2 混相系の流動特性

混相系の単位操作は，表 5.1 に示すように多岐にわたる．固相は粉体を意味し，粉体サイズは 1 μm 以上としておく．気泡塔の流動特性は，層流から乱流への相転移であり（図 4.4），流動層も同様に乱流転移である．スプレーは慣性力支配の微粒化として乱流転移に分類できる．**クリーム化**は流体力による**ゲル相**への転移に分類できる．

表 5.1 混相系の分類

	分散相	連続相	単位操作	構造形成
気液系	気泡	液体	気泡塔	乱流転移
	液滴	気体	スプレー	乱流転移
	双連続		クリーム化	流体力ゲル化
気固系	気泡	粉体	流動層	乱流転移
	粉体	気体	粉体輸送	流体力凝集
液固系	液体	粉体	粉体成型	流体力凝集
	粉体	液体	混練	流体力凝集
気液固系	三相共存		トリクルベッド	偏流

さまざまな混相系において界面の輸送が律速になるため，分散相のサイズはできる限り小さくし比表面積を大きくする．そのために，せん断強度や乱流強度が重要になる．

粉体の気流輸送では衝突律速の流体力凝集が起きる．液固系の粉体成型や混練操作は**流体力凝集**が支配する．このように，混相系の流動特性を，乱流転移や流体力による凝集，それに流体力によるゲル化と関係づけると統一的に理解しやすい．

流体力による分散と凝集

熱力学的な凝集はコロイド化学の中心課題であるが，流体力学的な凝集は認知度が低く，装置設計やスケールアップの潜在的な課題といえる．流体に粒子を混合すると，低濃度の場合には乱流への転移が促進され臨界レイノルズ数は低下し[14]，高濃度になると臨界レイノルズ数は増加する．そして，慣性支配の shear thickening 現象も現れる[15]．このように，粒子系のレオロジー特性は，材料・プロセスに大きな影響を与える．

流体に作用する応力とせん断速度の関係は粘度特性といわれ，粒子分散系の場合は粒子凝集の影響を受ける．そして，粒子凝集は熱力学的作用のみならず，流体力学的作用にも影響を受ける．**粒子ペクレ数** $Pe = uR/D_p$ (u：速度，R：粒子径，D_p：粒子拡散係数)を用いて粘度特性は評価される．ここで，u/R はせん断速度，D_p/R^2 は粒子拡散速度であり，この比が Pe である．**粒子拡散**はブラウン揺動力による熱力学的な粒子運動であり，Pe は流体力と熱力学的揺動力の比となる．なお，粒子拡散係数

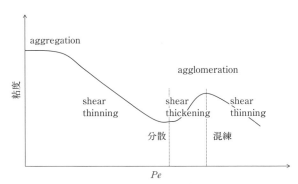

図 5.3 粒子分散系の粘度特性

凝集(aggregate)していると粘度が高く，せん断力による分散につれて粘度が下がる．流体力による凝集(agglomerate)により再び粘度が上昇し，さらに凝集塊の解砕により粘度低下が起きる．混練状態は分散した凝集塊の集合であり，透水係数は大きく凝集塊は圧密され粒子間の結合は強い．最終的に，乾燥により凝集塊は強度の高い圧密体をつくる．よって，混練は電池電極やコンクリート，練り製品など多くの製品にとって必須のプロセスである．

を固定すると，Pe はせん断速度になる．

流れがないとき，つまり $Pe = 0$ のとき，図 5.3 に示すように熱力学的な凝集により粘度が高いとする．せん断速度を大きくするにつれ，熱力学的な凝集体(aggregate)の分散が進み粘度が低下し，これを分散操作という．さらに Pe を大きくすると，流体力学的な凝集塊(agglomerate)により粘度上昇した後，再び粘度が低下し，これを混練操作という．これをまとめると，粘度特性は thinning → thickening → thinning という挙動を示す．混練操作は agglomerate を破壊し，緻密で小さな凝集塊(agglomerated cluster)と溶媒に相分離させる．その結果，凝集体を乾燥させるとき，溶媒の透過係数は増加し，マイクロクラック防止に寄与する．この意味で，分散や混練は乾燥工程とリンクするため，スケールアップにおいては乾燥の前工程も大切になる．

流動特性の双安定性

空間的に分離した**双安定**な流動状態をとる流体がある．たとえば，壁側(図 5.4(b)①)と撹拌機周辺(図 5.4(b)②)の領域で二つの流動状態をとり，撹拌翼周辺では撹拌混合が十分に行われるが，壁側ではほとんど流れない．このような流体は図 5.4(a)に示すように，双安定な流動特性[16]を示し，粉体のように**降伏値**をもつ流体や，コロイド系流体などに見られる．

図 5.4(a)の応力-せん断速度の関係を，図 5.3 の粘度-せん断速度(Pe)の関係に変換

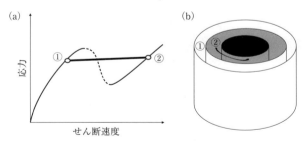

図 5.4 双安定の流動
(a)応力とせん断速度の関係，(b)二重円筒内の流れ．(a)の点線は不安定領域である．(a)と(b)の①，②は対応している．撹拌操作は応力駆動であり，二つの安定状態が存在する場合，流動場は二つに相分離する．内周部はよく混合されるが，外周部は混合が進まない．この結果，不均一な混合となり品質不良の原因となる．対策として，①撹拌翼と外壁とのギャップを狭くする(マックスブレンド翼)，②凝集を抑制したり，濃度を下げたり，液物性を変える，などがある．

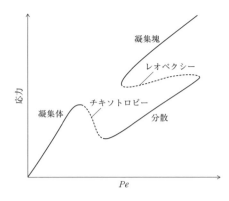

図5.5 チキソトロピーとレオペクシー
どちらも点線で示す非定常過程において現れ，凝集体(agglomerate)から凝集塊(aggregate)に至る．凝集体は熱力学的なポテンシャルで決まり，ペクレ数 Pe が大きくなると流体力支配の凝集塊が発生する．

してみよう．点線の不安定領域は，応力を下げるとせん断速度が増すため，**負性抵抗領域**[17]であることがわかる．これは，一種の材料破壊に相当し，正抵抗の安定点である①と②に分裂する．つまり，流体は図 5.4(b) の二つの状態で安定化する．スケールアップにはこの点に注意が必要である．

チキソトロピーとレオペクシー

　コロイド溶液は**チキソトロピー**(thixotropy)や**レオペクシー**(rheopexy)を示すことが多く，塗布プロセスや分散・混練プロセスに大きな影響を与える．これらは粘度が時間とともに変化し，前者は粘度減少を，後者は粘度上昇を意味する．これらの現象は，shear thinning や shear thickening と関係がある．理解を助けるためにモデル化すると図 5.5 のようになる．低せん断速度領域で非定常過程としてチキソトロピーが現れ，高せん断領域で同じくレオペクシーが現れる．それぞれは，流体力学的な分散を経て凝集に至るダイナミクスと理解できる．

5.3　粉体の流動特性

　材料・プロセスには，**流動層**，**造粒**，**粉体乾燥**，**粉体コーティング**，**粉体貯槽**，**粉体輸送**，**分級**など粉体を扱う単位操作は多い．粉体は**食品**，**化粧品**，**医薬品**，**機能材料**などあらゆる産業分野で用いられている．粉体の動的流動性には粉体レオメーターや通気試験法[18]などが用いられ，粉体の付着性などの粉体特性の影響が評価[19]されている．粉体は粒子径に応じた相分離が起きやすいため，**粉体混合**[20]は難しく，常識が通用しない場合も多い．

スケールアップにさいしては，粉体の動的流動測定をベースに装置設計を行う．流動開始点(特異点)の把握と流動抵抗を見積もることも必要である．**偏流**などの不安定性は，壁の影響が少なくなるスケールアップにおいて顕在化する場合が多い．最近では，**粒子法シミュレーション**[21]が発展し，スケールアップ検討に用いられている．ただし，吸着水の影響をはじめ粉体間摩擦の影響をシミュレーションで見積もるのは難しく，実粉体で試験する必要がある．

5.4 紡糸の細線化流動

繊維などの形態は用途が広く，高分子材料に加えて，**ゾル-ゲル法**による**無機ファイバー**[22]，**カーボンファイバー**(CF)，それに**セルロースナノファイバー**(CNF)などの細線化のニーズも高い．繊維化は引張応力による**伸長流動**と伸長粘性力による抵抗とつり合い，粘度の適正化により細線化が可能となる．繊維径が 1 μm 以下になると，**表面張力**による半径方向の圧縮力は無視できなくなり，表面張力支配の糸切れを起こすため 0.1 μm が限界繊維径になる．**エレクトロスピニング法**[23]は量産が難しいため，繊維業界では**メルトブロー法**[24]が多用されている．

一般に，**溶融紡糸**は液相状態で伸長することにより，分子集合体の配向とそのバンドル化(高次の集合体)が起こり，繊維強度が大きくなる．一方，単純な冷却による相転移では，アモルファス構造になるため繊維強度は低い．伸長粘度と繊維構造に再帰的な関係があり，しかも温度依存性も大きく，材料設計と製造プロセスが強くカップリングしている．よって，相転移のタイミングを液性と操作条件などで制御する必要がある．溶融紡糸のスケールアップにおいては，物質収支やエネルギー収支，それに運動量収支を連成した**化学工学モデル**[25]を活用することが重要である．しかし，相転移を考慮した紡糸の化学工学モデルはほとんどない．

たとえば，無機ファイバーの紡糸[27]を考えよう．細線化のために伸張粘度が重要であり，原料濃度をゾル状態に調整し，延伸の途中でゲル化し固体化させる．糸切れはゾルの延伸において，表面張力による糸半径方向の圧縮力と延伸力によるものである．延伸倍率を大きくすると，ゾル状態内部の繊維配向が向上しゲル化に至る．この間，水の蒸発速度と延伸速度のバランスをとり，ゾル-ゲル相転移の位置を制御する必要がある．そのため，ゾル状態からゲル状態への**相転移ダイナミクス**の時定数と，蒸発濃縮や延伸プロセスの時定数の比が重要になる．たとえば，スケールアップにおける多数本ノズルでは，ノズル間の干渉による雰囲気変化が起き，糸切れが起きやすくなる．

演習問題 1

人間の体内の毛細血管における血液の流れを考える．血液を密度 $1.06\times 10^3\,\mathrm{kg\,m^{-3}}$，粘度 $4.71\times 10^{-3}\,\mathrm{Pa\,s}$ の流体であるとする．毛細血管を管径 $2R = 8.0\,\mathrm{\mu m}$，長さ $L = 9.0\times 10\,\mathrm{m}$ の1本の円管であると仮定して，毛細血管内の流れが層流であるか乱流であるかを考慮し，毛細血管に平均流速 $1.0\,\mathrm{mm\,s^{-1}}$ で血液を送るために必要な動力 $N\,\mathrm{kcal\,day^{-1}}$ を求めなさい．

解 答

$$Re = \frac{\rho u \cdot 2R}{\mu} = \frac{1.06\times 10^3 \times 1.0\times 10^{-3} \times 8.0\times 10^{-6}}{4.71\times 10^{-3}} = 1.80\times 10^{-3}$$

よって圧力損失 ΔP は以下のようになる．

$$\Delta P = \frac{L}{R}\cdot f\cdot \rho u^2 = \frac{L}{R}\left(\frac{16}{Re}\right)\rho u^2$$

$$= \frac{9.0\times 10^7}{4.0\times 10^{-6}}\times \frac{16}{1.80\times 10^{-3}}\times 1.06\times 10^3 \times (1.0\times 10^{-3})^2 = 2.12\times 10^{14}$$

よって血液を送るために必要な動力 N は，流量 Q を用いて，

$$N = Q\Delta P = \pi R^2 u\cdot \Delta P = \pi\cdot (4.0\times 10^{-6})^2 \times 1.0\times 10^{-3} \times 2.1\times 10^{14}$$

$$= 10.7\,\mathrm{J\,s^{-1}} = 220\,\mathrm{kcal\,day^{-1}}$$

成人男性が1日に摂取すべきエネルギーは約 $2500\,\mathrm{kcal\,day^{-1}}$ である．成人男性の基礎代謝は $6\sim 7$ 割の $1500\sim 1600\,\mathrm{kcal\,day^{-1}}$ であり，そのうち血液輸送に使われるエネルギーは 4.4% 程度であり，およそ $70\sim 80\,\mathrm{kcal\,day^{-1}}$ である．算出された値はこの約3倍ということになる．

演習問題 2

サイダーなどの炭酸飲料水は，製造の最終過程で炭酸ガスを注入する．このとき原料水は，高圧の炭酸ガスで満たされた装置内に，噴霧器により噴霧される．液滴は装置内を落下していく過程で炭酸ガスを吸収し，底部の液面に着くまでに炭酸水になる．

液滴として半径 $R\,(\mathrm{m})$ の球を仮定し，装置内の CO_2 分圧を $P\,(\mathrm{Pa})$，気液界面における CO_2 分圧と濃度をそれぞれ $P_i\,(\mathrm{Pa})$，$C_i\,(\mathrm{mol\,m^{-3}})$，液滴中での CO_2 濃度を $C\,(\mathrm{mol\,m^{-3}})$ とする．二重境膜の考え方を用いると，CO_2 の流束 $N\,(\mathrm{mol\,s^{-1}\,m^{-2}})$ は，

$$N = k_G(P - P_i) = k_L(C_i - C) \tag{1}$$

と表される．ここで，k_G は気相物質移動係数，k_L は液相物質移動係数である．この流束 N を用いると，液滴中における CO_2 の物質収支は式(2)のように表される．

$$\frac{4}{3}\pi R^3 \frac{dC}{dt} = 4\pi R^2 N \tag{2}$$

噴霧器ノズルから液面までの高さを $L(\mathrm{m})$，液滴，CO_2 の密度をそれぞれ ρ_p, ρ_a $(\mathrm{kg\,m^{-3}})$，CO_2 ガスの粘度を $\mu(\mathrm{Pa\,s})$ とする．なお，装置内の CO_2 分圧 P は時間によらず一定とする．

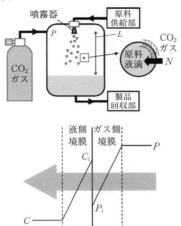

(1) ヘンリーの法則 $(P_\mathrm{i} = HC_\mathrm{i})$ を用いて，N を P, C, H, k_OG のみで表しなさい．なお k_OG はガス側総括物質移動係数で，$\dfrac{1}{k_\mathrm{OG}} = \dfrac{1}{k_\mathrm{G}} + \dfrac{H}{k_\mathrm{L}}$ で表される．

(2) CO_2 濃度 C についての微分方程式を示しなさい．

(3) 微分方程式を解き，t 秒後における液滴中の C を求めなさい．初期条件は，$t = 0$ で $C = 0$ とする．

(4) 液滴はつねに，終端速度 u_t で運動するものとする．

$$u_t = \dfrac{2R^2(\rho_\mathrm{p} - \rho_\mathrm{a})g}{9\mu}$$

液滴が底部の液面に達するまでの時間を，以下の表の物性値を用いて求めなさい．

表　物性値表

R	1.0×10^{-4} m	ρ_a	1.3 kg m^{-3}
k_OG	2.4×10^{-7} mol Pa^{-1} m^{-2} s^{-1}	μ	1.8×10^{-5} Pa s
P	2.0×10^{5} Pa	g	9.8 m s^{-2}
H	1.6×10^{3} Pa m^3 mol^{-1}	L	4.8 m
ρ_p	1.0×10^{3} kg m^{-3}		

(5) 回収される炭酸飲料水の CO_2 濃度の値を求めなさい．

解　答

(1) $\dfrac{N}{k_G} = P - P_i = P - HC_i = P - H\left(\dfrac{N}{k_L} + C\right)$ より，

$$N = \dfrac{(P-HC)}{(1/k_G)+(H/k_L)} = k_{OG}(P-HC)$$

(2) 式(2)に(1)の結果を代入して，

$$\dfrac{4}{3}\pi R^3 \dfrac{dC}{dt} = 4\pi R^2 k_{OG}(P-HC)$$

ゆえに，$\dfrac{dC}{dt} = \dfrac{3k_{OG}}{R}(P-HC)$

(3) (2)より，$\dfrac{dC}{(P-HC)} = \dfrac{3k_{OG}}{R}dt$

両辺を積分して，$-\dfrac{1}{H}\ln(P-HC) = \dfrac{3k_{OG}}{R}t + A$　（A は積分定数）

初期条件より，$A = -\dfrac{1}{H}\ln P$

ゆえに，$C = \dfrac{P}{H}\left\{1 - \exp\left(-\dfrac{3k_{OG}H}{R}t\right)\right\}$

(4) 求める時間を t とおくと，

$$t = \dfrac{L}{u_t} = \dfrac{9\mu L}{2R^2(\rho_p - \rho_a)g} = \dfrac{9 \times 1.8 \times 10^{-5} \times 4.8}{2 \times (1.0 \times 10^{-4})^2 (1.0 \times 10^3 - 1.2) \times 9.8} = 4.0 \text{ s}$$

(5) 4.0 秒後の液滴の CO_2 濃度を計算する．

$$\begin{aligned}
C &= \dfrac{P}{H}\left\{1 - \exp\left(-\dfrac{3k_{OG}H}{R}t\right)\right\} \\
&= \dfrac{2.0 \times 10^5}{1.6 \times 10^3}\left\{1 - \exp\left(-\dfrac{3 \times 2.4 \times 10^{-7} \times 1.6 \times 10^3}{1.0 \times 10^{-4}} \times 4.0\right)\right\} \\
&= 1.3 \times 10^2 \text{ mol m}^{-3}
\end{aligned}$$

演習問題 3

コロイド溶液の粘度特性は図 5.3 のように，shear thinning から shear thickening，さらに shear thinning へと複雑な変化を示す．これは，初期にある程度凝集している場合である．初期に分散している場合にはどのようになるか，図を示して理由を述べなさい．

解　答

初期に分散しているということは，静電反発が大きくゼータ電位が高いことを意味する．よって，shear thickening においては，agglomerate の圧密に大きな圧力が必要になり，見掛け粘度は飛躍的に大きくなり，ゲル化に至りやすい．

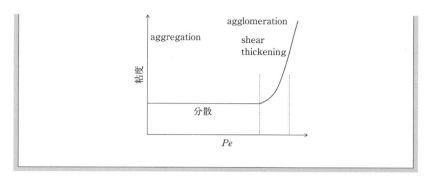

参考文献

1) 佐野雅己,ながれ,**15**,265(1996).
2) 山口由岐夫,"ものづくりの化学工学",丸善出版(2015),p.46.
3) 後藤 晋,ながれ,**23**,171(2004).
4) 林 潤ら,可視化情報,**31**(120),27(2011).
5) 梅村 章,日本航空宇宙学会論文集,**55**(640),216(2007).
6) 福富純一郎,日本機械学会論文集,**80**(820),1(2014).
7) 新城淳史ら,第41回流体力学講演会,165(2009).
8) B.P. Mason, *Chem. Rev.*, **107**, 2300 (2007).
9) 阿尻雅文ら,高圧力の科学と技術,**22**(2),89(2012).
10) 大聖泰弘,精密機械,**51**,1124(1985).
11) 渡邊裕章ら,粉体工学誌,**46**,426(2009).
12) 岩垂光宏ら,計測自動制御学会論文集,**46**,456(2010).
13) 傳田知広,日本機械学会論文集B編,**79**,772(2013).
14) I. Lashgari, *et al.*, *Theoretical and Applied Mechanics Letters*, **5**, 121 (2015).
15) I. Lashgari, *Int. J. Multiphas. Flow*, **78**, 12 (2016).
16) P.D. Olmsted, *Rheol. Acta*, **47**, 283 (2008).
17) 小屋口剛博ら,ながれ,**30**,317(2011).
18) 尾形公一郎ら,粉体工学誌,**52**,714(2015).
19) 永島 大,石蔵利文,粉体工学誌,**52**,576(2015).
20) 坂下 攝,色材協会誌,**77**,75(2004).
21) H. Nakamura, *et al.*, *Powder Tech.*, **236**, 149 (2013).
22) 幸塚広光,繊維と工業,**64**,347(2008).
23) 川部雅章,繊維と工業,**64**,64(2008).
24) 谷岡明彦,*NanotechJapan Bulletin*, **8**, 1 (2015).
25) G. Li, *et al.*, 成形加工, **19**, 300 (2007).
26) 幸塚広光,繊維と工業,**64**,31(2008).

第6章 反応プロセス

　反応工学は**反応論**と**反応速度論**，それに**移動速度論**から構成されており，反応工学の目的は，**反応率**と**選択率**に加えて**反応速度**を大きくすることにある．不均一系における反応速度の上限は，移流フラックスに規定され，分散相と連続相の**界面輸送律速**になることが多い．反応系を均一系，不均一系，相変化系，さらに複雑系の観点から表 6.1 にまとめた．**ゾル-ゲル法**や**超臨界法**は，反応に伴う相分離と解釈し，相変化系に分類した．**混練機**や**押出機**を用いて反応させる**混練法**は複雑系[1]に分類した．

　本章では気液固の不均一系と，ナノ粒子の合成を相変化系として説明する．不均一系では界面輸送が律速になりやすく，相変化系では過飽和度の制御が重要になる．

表 6.1　反応様式の分類

	相	分散相	反　応
均一系	単相	—	均一反応
不均一系	混相	気相	気液反応
			流動層反応
		液相	懸濁重合
			乳化重合
		固相	固相反応
			固体触媒
		析出	析出反応
相変化系	混相	—	ゾル-ゲル法
	—		超臨界法
	—	析出	ナノ粒子合成法
複雑系	—	—	混練法

混相系の反応は界面輸送律速になり，粘度は撹拌の影響を強く受け，撹拌のスケールアップは難しい．とくに，ナノ粒子合成やゾル-ゲル反応は低濃度で，粘度変化を避けることが大切である．

6.1 反応器モデル

連続操作型の反応器モデルには，**連続槽型反応器**(CSTR：continuous stirred tank reactor)モデルと**管型反応器**(PFR：plug flow reactor, piston flow reactor)モデルの二つがある．これらの反応器モデルは複雑な流動を単純化しており，CSTR は完全混合を前提に，PFR は混合や速度分布を無視している．つまり，これらの反応器モデルは，**反応律速**を前提とし反応速度式を有効に使う．しかし，現実の反応器においては，**混合拡散律速**の場合もある．なぜなら，攪拌機による混合拡散が速くても，それ以上に反応速度が大きい場合には，反応器内に濃度分布が形成されるからであり，CSTR モデルの適用は限定的になる．

液液系，気液系，液固系，気固系などの不均一系反応器においては，攪拌や強制流動により**乱流拡散**にもち込み，最終的には不均一液体や固体内の拡散律速になるため，反応速度はきわめて遅くなる．たとえば，均一系における反応時間を秒オーダーとすれば，液液系では分〜時間オーダー，液固系では日オーダーになるくらいに変化する．よって，不均一系のサイズをできる限り小さくし見掛けの反応速度を大きくする．

反応器のスケールアップ則

さまざまな反応に応じた反応系の特徴と，共通性を俯瞰することは大切である(図 6.1)．まず，スケールアップ則(第 1 章)を中心に，**物質移動特性**，**伝熱特性**，**相変化特性**，さらに**反応特性**に分けて考える．

不均一系では分散相と連続相との界面輸送が律速にならないように，**液境膜物質移動容量係数** $k_L a$ を十分に大きくする．分布を考慮する必要がある場合には，CFD (computation fluid dynamics)から，**乱流エネルギー密度** ε の分布を算出し，$k_L a$ 分布を推算[2]する．いずれにしても，ラボ実験で反応成績に与える攪拌の影響を十分に把握する必要がある．

熱制御は**反応器安定性**[3]の観点からもきわめて重要であり，**内部コイル**や**外部循環**などさまざまな方式が使われている．反応温度を一定に保つための制御システムは，**ラジカル重合**などの発熱系ではとくに重要であり，**暴走反応**(runaway reaction)[4]を防ぐ工夫が必要である．

不均一系で相変化を伴う反応器のスケールアップでは，析出物の化学種がわからないため**過飽和度** $S(C/C_s$，C は濃度で C_s は飽和濃度)を推算することが難しい．しか

6.1 反応器モデル

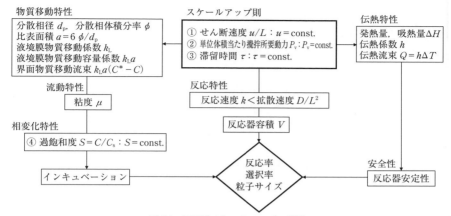

図 6.1 反応器スケールアップの俯瞰

一般に，反応器スケールアップの目的は反応率や選択率を上げ粒子サイズを小さくすることである．そのために，それぞれの特性を必要に応じて用い，スケールアップ則を適用する．

し，析出系のスケールアップの基本は，$S = $ const. とすることである．ファーネス法カーボンブラック(CB)の製造においては，気相高温反応のため**滞留時間**は 10 ms と短く，前駆体も無数に存在する．しかしながら，CB 炉は反応流動のシミュレーション[5]を用いてスケールアップされている．また，**燃焼反応**や**燃焼装置**の工学設計[6]も，実用レベルに達している．

反応器の容積と滞留時間

反応器のスケールアップには，**反応器容積** V と**滞留時間** τ を決める必要がある．ラボ実験から，反応時間に対し反応率や選択率が求まっているとする．反応律速という前提から，$\tau = $ const. のスケールアップ則が適用できるので，目標の反応率と選択率から τ を決めることができる．さらに，製品の年間生産量から原料の供給速度 F が決まる．そして，$V = F\tau$ が決まり，反応器コストの概算を計算できる．反応速度を大きくすると，V を小さくでき，固定費を抑えられる．

反応器の形状(縦横比)に加えて，撹拌機，バッフル，原料供給管サイズと位置，反応物の抜き出し位置，排ガスの位置，冷却装置の有無など多くのことを決めなければならない．このためには，流動を解く必要がある場合と，撹拌エネルギーなどの簡易計算で済ませる場合がある．

攪拌所要動力

攪拌機の種類はさまざまであるが，**攪拌所要動力** $P(\mathrm{kW})$ は一般に $P = N_\mathrm{p}(\rho n^3 d^5)$ から計算できる．ここで，N_p は無次元の**動力数**，$\rho\,(\mathrm{kg\,m^{-3}})$ は液密度，$n\,(\mathrm{s^{-1}})$ は回転速度，$d(\mathrm{m})$ は攪拌翼直径である．N_p は攪拌様式により異なるが，**攪拌レイノルズ数** $Re = \rho n d^2/\mu$ (μ：粘度) の関数であり，およそ 1~10 程度である．攪拌により消費されるエネルギーは，壁面の摩擦損失とバルク中の乱流エネルギー散逸の和である．一般に，壁面の摩擦損失のほうが大きいので，N_p は管内**摩擦係数** f と類似性がある．通常の反応系では，単位体積当たりの攪拌所要動力 P_V は目安として $1\,\mathrm{kW\,m^{-3}}$ 程度である．この P_V を用いて，流動特性，混合特性，伝熱特性および物質移動特性などが推定[7]できる．

不均一系における**攪拌混合**は，気泡や液滴などの分散相の微粒化を目的として，攪拌強度が決められる．分散相のサイズ d_p は，**乱流エネルギー** ε と動的な平衡関係にあるため，ε から推算[2]できる．CFD のシミュレーションから ε 分布を求めると d_p の分布がわかり，$k_\mathrm{L}a$ の分布を推算できる．

スケールアップにおいては，反応成績への動力の影響から，動力の下限を決めることになる．反応律速にもち込むために，一定以上の攪拌が必要となる(第3章)．本格スケールでは図 6.2(a) に示すように，低動力側 ($\varepsilon < \varepsilon_0$) に動力分布が広がり，低攪拌領域において溶存気相成分濃度の低下(図 6.2(b)) により不純物の生成が増えるため，攪拌翼の形状などにも注意して低攪拌領域をなくす工夫が必要である．

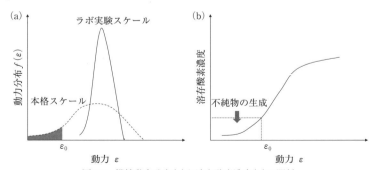

図 6.2 攪拌動力分布(a)と溶存酸素濃度(b)の関係
不純物の生成は攪拌混合律速の領域で起きるため，動力分布に留意する．ラボ実験スケールより，実機は分布が広がり不純物の生成は増加する．

反応器の安定性

　反応器設計において，攪拌混合に加えて熱収支(ヒートバランス)をとることも重要である．とくに，ラジカル反応のような発熱系においては，冷却による温度維持がラジカル濃度を一定に保つために必須である．一般に，反応温度と圧力をモニターすることにより，反応の進行を知ることができるため，反応工学モデルと合わせてスケールアップで活用したい．

6.2　不均一系反応器

　不均一系における反応は，**界面輸送**が律速になることが多く，界面積を増やすために攪拌が重要になる．また，反応による相変化も起きると，攪拌混合や分散に影響を与え，反応速度や反応収率を低下させるため，スケールアップに注意が必要となる．
　気液固三相系のテレフタル酸(TA)合成を例に，スケールアップ問題を具体的に考えてみよう．TA は代表的な合成繊維である**ポリエチレンテレフタレート(PET)**の原料である．TA 合成は，**パラキシレン(PX)**を酢酸溶媒中で空気酸化[8]させる．よって，図 6.3 に示すように反応器は気液流通の攪拌槽型となる．TA は反応析出した結晶であるため，結果として気液固の三相系となる．スケールアップの規模は大きく，ラボ実験スケールの数百 mL から 10^6 倍にもなる．スケールアップにおける主なポイントを列記する．
　① 攪拌によりできるだけ $k_L a$ を大きく均一にする．

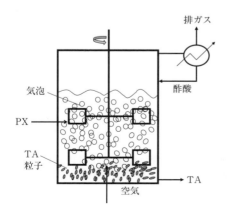

図 6.3　TA 反応器
タービン翼の攪拌により，気泡の分裂促進，TA 沈降防止，槽内均一化などを実現し反応成績と品質を確保する．空気は動圧により分散気泡になり，タービン翼による遠心力による気液混合が $k_L a$ を大きくし反応速度を増加させる．

② 原料 PX 供給位置を攪拌翼近傍に設定し，混合拡散を大きくする．
③ TA の沈降を防ぐため，攪拌強度をできるだけ大きくする．

これらすべては攪拌の重要性を示している．しかも，TA 結晶サイズは攪拌の影響を受ける．よって，酸素溶解速度を第一に考え，最適な攪拌強度が決められる．析出は中間体の二段核発生(第 2 章)と考えられ，液相を経由すると考えるのが妥当である．しかし，中間体の溶解度測定が難しく，中間体は特定されていない．

6.3 微粒子合成反応器

超微粒子合成のスケールアップ問題を，**カーボンブラック**(CB)を例に考えてみよう．CB はナノフィラーとして，プラスチックやタイヤなどさまざまな材料に，黒色顔料や強度補助剤として添加されるため，ナノ材料として最大の生産量である．CB は粒子サイズ(10 nm 以上)と，粒子凝集体構造(1 μm 以上)，および表面性状(疎水性)に特徴がある．さらに，導電性にも優れ，電池などの導電助剤にも使われている．

CB は**不完全燃焼**に伴い発生するすすと同じであるが，大量生産のために産業的にはファーネス法などにより製造される．ファーネス法ではアントラセンなどの原料油を高温気流中にノズル噴霧し，酸素存在下で不完全燃焼により合成される．CB 合成の目標は，収率を高く，粒子径と凝集体構造をできるだけ小さくすることにある．このための反応装置は図 6.4(a)の完全混合流れ(**CMF**：complete mixing flow)部と，図 6.4(b)の押し出し流れ(**PFR**：plug flow reactor)部の直列結合になっている[5](図 5.2)．

CMF 部において原料油は蒸発し，PFR 部において残存酸素と**多環芳香族炭化水素**(**PAH**：polycyclic aromatic hydrocarbon)の**乱流混合燃焼**により急激に温度上昇し，多環芳香族の熱分解反応[9]により前駆体が合成され液相の核発生(前駆体の凝縮)に至る．PFR 部の流速は音速に近く，乱流混合による燃焼の結果，過飽和度はきわめて大きくなるため，核サイズを小さく，しかもサイズ分布をシャープにすることができる．

ここで，スケールアップの主なポイントをまとめる．
① ノズル噴流を用いて原料油を微細化する．
② CMF 部にて原料油を蒸発させる．
③ PFR 部にて余剰酸素と原料の乱流混合燃焼により急速昇温する．
④ PFR 部において高温下，反応速度の増大により**臨界過飽和度**を大きくし核発生させる．
⑤ 原料油に KOH などを添加し凝集を制御する．

6.4 固相反応器

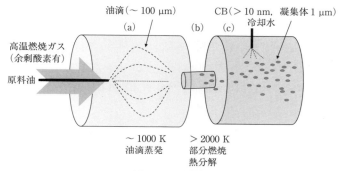

図 6.4 CB 製造炉
(a)原料油蒸発, (b)核発生, (c)冷却. 原料油をできる限り細粒化し, 余剰酸素制御による乱流混合燃焼により, (b)部の局所温度を高くして CB の細粒子化を実現する. 原料油の蒸発, 熱分解, 熱重合を経て核発生に至る. ナノ粒子サイズをできるだけ小さくするために, 急速昇温する. そのため, 余剰酸素濃度制御の燃焼熱を利用する. 燃焼速度は乱流拡散律速であるため, しぼりの効果は大きい.

原料油は液であるため, ①の微細化は品質向上に必須である. CB の核発生は二段核発生であり, ⑤により K^+ のイオン反発を利用して凝集体を小さくなるように制御する. 以上をまとめると, シャープな核サイズ分布は急峻な温度分布により実現し, 小さな凝集体は粒子の荷電反発により実現している. 一般に, **超微粒子**のスケールアップは, 臨界過飽和度を高くするために, 撹拌を強化し前駆体生成の反応速度を大きくすることが重要である.

6.4 固相反応器

固体と固体の反応は**固相内拡散**が律速になるため, 反応速度はきわめて遅くなる. 金属酸化物の**固溶体**[10]を製造するさいには, 原料に**セルフフラックス**[11]や, 塩などのフラックスを添加して, 固相反応の低温化を図ることが多い. これらは**フラックス法**とよばれ, **蛍光体**などを製造するさいに用いられる. 粉体をアニールするさいにも, 小粒子の**融着**や大粒子化が起きるが, これも原理的には固相反応である. 融液は固体粒子間にトラップされ, メニスカスを形成し, 粒子同士を凝着させ固相反応を促進する.

粉体と気相の反応は, 反応速度は界面積に依存するために, 粒子サイズをできるだけ小さくする. また, 固相内拡散が律速になるため, 反応温度を上げることは有効ではなく, 粉体の混合拡散を大きくする. よって, **ロータリーキルン**や**流動層**が用いら

れることが多く,処理量の小さい場合や反応速度の小さい場合には,パンケーキ型の反応器が用いられる.つまり,粒子と気相界面の物質移動速度を大きくする工夫が大切であり,スケールアップのポイントでもある.また,粉体の**熱伝導度**は粉体サイズの大きさに比例して低下するため,温度分布が起きやすく昇温速度も低下する.粉体層中における気体の**平均自由行程**は,粉体サイズとともに減少し熱伝導度は低下する.

6.5 ゾル-ゲル法反応器

ゾル-ゲル法は**金属アルコキシド**(たとえば TEOS:$Si(OR)_4$,$R = C_2H_5$)を原料とし,金属酸化物の合成[12]に多用される.原料濃度が高くなると,反応の進行により前駆体が相分離し,ゾル状態からゲル状態への相転移が起きる.つまり,反応初期は流動性があるが,反応の進行につれゲル化するためゾル-ゲル法といわれる.ゾル-ゲル法は図 6.5 に示すように,酸性において**核発生**により粒子構造になり,塩基性では**スピノーダル分解**により**双連続構造**を形成する.また,溶解度の高い塩基性において,

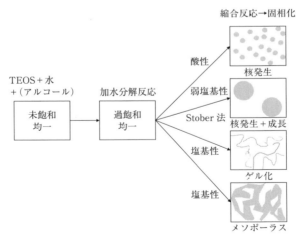

図 6.5 ゾル-ゲル法による構造形成
酸性と塩基性により微細構造はまったく異なる.酸性領域では加水分解支配であり,塩基性領域では縮合反応と競争反応になる.よって,酸性では核発生によるナノ粒子になり,塩基性ではゲルやスピノーダル分解に至る.図 6.6 に示すように,塩基性では溶解度の増加により過飽和度は低下し,核発生よりもスピノーダル分解が優先する.

直鎖前駆体の増加によるゲル化が起きる．このように，同じ原料でも反応条件により多様な材料構造が得られる．

$$Si(OR)_4 + 4H_2O \longrightarrow Si(OH)_4 + 4ROH \tag{6.1}$$

$$Si(OH)_4 \longrightarrow SiO_2 + 2H_2O \tag{6.2}$$

反応は**加水分解反応**(6.1)と**縮合反応**(6.2)から SiO_2 が生成する．加水分解反応は**平衡反応**であり，アルコール(ROH)を蒸発させ，加水分解反応を進ませる．pH 調整には HCl や NH_3 などが用いられる．金属酸化物の溶解度は pH 依存性が高く，塩基性では急激に溶解度[13]が大きくなる（図6.6(a)）．この結果，溶解度の小さい酸性においては核発生が起こり，溶解度の大きい塩基性ではスピノーダル分解が起きる．つまり，$Si(OH)_x$ に関連した前駆体濃度が大きくなると，相分離し分散相を形成する．そして，分散相内部では H_2O は少なく(6.2)の反応が進行する．比較的大きな 1 μm 程度の粒子を得るには，核成長を起こさせる **Stober 法**[14]が用いられる．シリカ粒子の**ゼータ電位**[15]は図6.6(b)に示すように，等電点は pH 3 と低く，中性付近では大きな負電位($-80\,mV$)を示すため，分散粒子を得ることができる．SiO_2 粒子は**非 DLVO 力**を有し[16]，**界面活性剤**を用いなくても分散する．

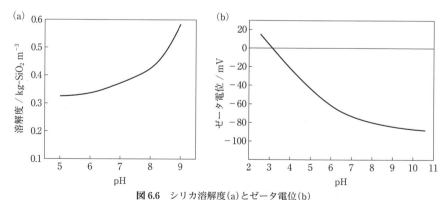

図6.6 シリカ溶解度(a)とゼータ電位(b)

ゾル-ゲル法による構造形成の原因はシリカの溶解度にあり，シリカ表面の $-OH$ は $-O^-$ と電離する結果，表面電位は負となりシリカ粒子の分散に寄与する．つまり，界面活性剤フリーでシリカ粒子は分散する．表面電位はシリカ粒子表面のヘアー状シリカポリマーの存在によるものであり，単純な静電反発ではなく電荷分布に基づいた非 DLVO ポテンシャルといわれている．

[(a) 杉田 創ら，化学工学論文集，**24**(4), 554 (1998)；(b) 古澤邦夫，安斉 誓，高分子論文集，**44**, 483 (1987)]

相変化を伴う化学反応系のスケールアップが難しいのは，析出する前駆体は最終反応物質とは限らず中間体であるため，**溶解度**データがないことによる．また，核発生も液相を経由する二段核発生説が認められるようになったのも最近である．液相核発生によりエマルションが形成される．さらに，液滴サイズが 10〜100 nm 程度になると凝集し，粘度上昇が起きる．場合によっては，ゲル化に至ることがあり輸送トラブルの原因にもなる．

演習問題 1

エチレンオキシド(EO)は，ポリエチレンテレフタレート(PET)をつくるために必要なエチレングリコールの原料である．エチレンオキシドの合成反応と反応速度は，以下のように定義されるとする．

$$C_2H_4 + \frac{1}{2} O_2 \xrightarrow{k} C_2H_4O$$

ここで，C_{A0} と C_{A1} はそれぞれ反応器の入口と出口のエチレン濃度である．また，原料ガスの体積流量を F，反応器体積を V，反応速度定数を k とし，反応速度を kC_A とする．なお，簡略化のために，酸素の収支を無視する．

(1) 連続槽型反応器(CSTR)の場合：反応器体積 V を F, k, C_{A0}, C_{A1} を用いて表しなさい．

(2) 管型反応器(PFR)の場合：反応器の全長 L を流束 u, k, C_{A0}, C_{A1} を用いて表しなさい．

(3) 転化率 $\alpha = \dfrac{C_{A0} - C_{A1}}{C_{A0}} = 1 - \dfrac{C_{A1}}{C_{A0}}$ が 0.84 となる反応器を設計したい．CSTR と PFR の場合について必要な反応器体積を求めなさい．なお，$F = 1.0 \times 10^{-3}\ \mathrm{m^3\ s^{-1}}$，断面積 $S = 1.0\ \mathrm{m^2}$，$u = 1.0 \times 10^{-3}\ \mathrm{m\ s^{-1}}$，$k = 5.0 \times 10^{-4}\ \mathrm{s^{-1}}$ とする．

解 答

(1) $V = \dfrac{F(C_{A0} - C_{A1})}{kC_{A1}}$

(2) $C_{A1} = C_{A0} \exp\left(-\dfrac{k}{u}L\right)$　　ゆえに，$L = -\dfrac{u}{k}\ln\left(\dfrac{C_{A1}}{C_{A0}}\right)$

(3) CSTR： $V = \dfrac{F(C_{A0} - C_{A1})}{kC_{A1}} = \dfrac{F\alpha}{k(1-\alpha)} = \dfrac{1.0 \times 10^{-3} \times 0.84}{5.0 \times 10^{-4} \times (1-0.84)}$
$= 10.5 \cong 11\ \mathrm{m^3}$

PFR： $SL = -S\dfrac{u}{k}\ln\left(\dfrac{C_{A1}}{C_{A0}}\right) = -1.0 \times \dfrac{1.0 \times 10^{-3}}{5.0 \times 10^{-4}} \times (-1.8) = 3.6\ \mathrm{m^3}$

演習問題 2

NO の気相酸化の総括反応は (1) のように書ける.
$$2\,\mathrm{NO} + \mathrm{O_2} \longrightarrow 2\,\mathrm{NO_2} \tag{1}$$
実際の反応は以下の機構に従って進行するものとする.
$$2\,\mathrm{NO} \underset{k_{-1}}{\overset{k_1}{\rightleftharpoons}} \mathrm{(NO)_2} \tag{2}$$
$$\mathrm{(NO)_2} + \mathrm{O_2} \xrightarrow{k_2} 2\,\mathrm{NO_2} \tag{3}$$
このとき，以下の問いに答えなさい.
(1) 各反応の速度定数を用いて，$\mathrm{NO_2}$，$\mathrm{(NO)_2}$ に関する物質収支方程式を立てなさい．
(2) 本反応の中間生成物である $\mathrm{(NO)_2}$ は，反応 (3) によって消費されると同時に平衡反応 (2) によって供給されるため，その変化量はきわめて小さい．よって，$\mathrm{(NO)_2}$ の時間変化は近似的に 0 とみなすことができる．このように中間体の濃度変化を 0 とする方法は，定常状態近似とよばれる．$\mathrm{(NO)_2}$ に定常状態近似を適用し $\mathrm{(NO)_2}$ を求めなさい．
(3) (2) と (3) の反応速度を比較すると，(2) の平衡反応はきわめて速く，本反応の律速段階は (3) の反応である．このとき，$\mathrm{NO_2}$ の生成速度は，NO 分圧，$\mathrm{O_2}$ 分圧に対してそれぞれ何次になると考えられるか．

解 答

(1) $\dfrac{d[\mathrm{(NO)_2}]}{dt} = k_1[\mathrm{NO}]^2 - k_{-1}[\mathrm{(NO)_2}] - k_2[\mathrm{(NO)_2}][\mathrm{O_2}]$

$\dfrac{1}{2}\dfrac{d[\mathrm{NO_2}]}{dt} = k_2[\mathrm{(NO)_2}][\mathrm{O_2}]$

(2) $k_1[\mathrm{NO}]^2 - k_{-1}[\mathrm{(NO)_2}] - k_2[\mathrm{(NO)_2}][\mathrm{O_2}] = 0$

$[\mathrm{(NO)_2}] = \dfrac{k_1[\mathrm{NO}]^2}{k_{-1} + k_2[\mathrm{O_2}]}$

(3) $k_1, k_{-1} \gg k_2$ より，$\dfrac{1}{2}\dfrac{d[\mathrm{NO_2}]}{dt} = \dfrac{k_1 k_2[\mathrm{NO}]^2[\mathrm{O_2}]}{k_{-1} + k_2[\mathrm{O_2}]} \approx \dfrac{k_1 k_2}{k_{-1}}[\mathrm{NO}]^2[\mathrm{O_2}]$

NO に対して二次，$\mathrm{O_2}$ に対して一次になる．

参考文献

1) 藤山光美ら，高分子論文集，**49**, 87 (1992).
2) 加藤禎人ら，化学工学論文集，**35**, 211 (2009).
3) L. Zhang, *Can. J. Chem. Eng.*, **93**, 1891 (2015).
4) 安藤隆之ら，産業安全研究所特別研究報告，NIIS-SRR-NO. 27, 5 (2002).
5) 石田雅信，エアロゾル研究，**12**(3), 175 (1997).
6) 傳田知広ら，日本機械学会論文集 B 編，**79**(801), 772 (2013).

7) 化学工学会 編,"化学工学便覧 改訂7版",丸善出版 (2011), p. 795.
8) 小林 治,市川弥太郎,化学工学論文集,**2**, 1 (1976).
9) M. Frenklach, H. Wang, *Twenty-Third Symposium on Combustion*, **23**, 1559 (1991).
10) 吉村昌弘,粉体および粉末冶金,**34**, 421 (1987).
11) 稲田直樹ら,*J. Ecotechnol. Res.*, **9**, 143 (2003).
12) 山根正之,粉体工学誌,**37**, 598 (2000).
13) 杉田 創ら,化学工学論文集,**24**, 552 (1998).
14) 水谷惟恭,篠崎和夫,無機マテリアル,**4**, 180 (1997).
15) 古澤邦夫,安斉誓,高分子論文集,**44**, 483 (1987).
16) 四元弘毅ら,資源と素材,**109**(11), 69 (1993).

第7章　析出プロセス

"ものづくり"は機能を有する"構造体"を製造することである．"構造体"の形状は，粒子，膜，フィルム，ファイバーなどさまざまであり，"構造体"の構造はアモルファスや結晶，さらにフラクタルやゲルなど時空間の**マルチスケール**になっている．結局，ものづくりとは気体，液体，固体の材料から"構造体"を，析出プロセスを経て固相化することが第一ステップといえる．微粒子や粉体の多くは，溶液からの乾燥プロセスにおける析出により製造される．

析出は反応，蒸発，濃縮，冷却などさまざまな製造プロセスの至るところでも起きている．たとえば，腐食や配管の**スケール**(汚れ)にも析出が関係している．

このように，析出現象はその普遍性にも関わらず，いまだに，工学の難しい課題の一つである．その理由は，析出現象のほとんどは物質の相分離によることが多く，たとえば，核発生は動的過程を観察するのが難しいこと，数理的に特異点であることなどに起因する．しかも，析出現象は不純物など微量成分の影響が大きく，再現性や振動問題，**インキュベーション**など非線形性の問題(第4章)と深く関係している．

本章では冷却析出の現象論的理解を深め，二段核発生説を説明する．これは液相の分子凝縮核を経て固相核に至るという説であり，既存の晶析理論を発展させている．スケールアップにおいても，この説はきわめて有用である．たとえば，二段核発生説は撹拌の結晶サイズへの影響やナノファイバー成長や多形性など，さまざまな晶析現象を明らかにすると期待されている．

7.1　析出特性

溶液の冷却による析出プロセスは図7.1に示すように，溶液温度の冷却とともに，飽和温度(T_s)を超えて核発生温度(T_c)まで低下し核発生に至る．そして，核発生による潜熱放出により温度上昇し，析出が終了した後，再び温度は低下する．よって，図7.1に示すように，**過飽和度** $S = C(T)/C_s(T_s)$ を定義し，$T = T_c$ のときを**臨界過飽和度** $S_c = C_c(T_c)/C_s(T_s)$ という．ここで，濃度 C は飽和溶解度を表し，温度の関

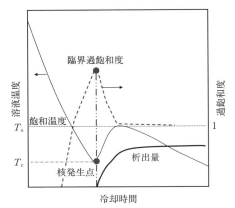

図7.1 冷却析出特性
核発生点の臨界過飽和度を現状では予測できない．
よって，冷却析出実験から求める必要がある．溶液の温度を測定すると，急激な温度変化の起きる点が現れ，飽和溶解度から過飽和度を計算できる．また，化学工学モデルである物質収支方程式と熱収支方程式を用いて，析出量の時間変化も求めることができる．

数であるため，$C(T)$ と表している．一般に T が高いほど C は大きく，未飽和から過飽和に至ると，S は1より大きくなる．ここで，S_c を求めるには T_c が必要であるが，T_c の理論的な予測は難しい．S_c が求まれば**古典的核発生論**から臨界核径を求めることができる．また，図7.1のような溶液温度データがあれば，**熱収支方程式**をもとに**析出量**[1]が求められる．また，核発生開始後の過飽和度の減少から，核サイズが次第に大きくなることが容易に類推でき，析出サイズに分布が発生するのは必然的であるといえる．

次に，冷却速度を速くすると，T_c は低下するため S_c は大きくなり，核サイズは小さくなる．つまり，核サイズは冷却速度に依存し，熱力学的な**非平衡相分離**(第2章)であることがわかる．一方，析出量は最終的に到達する溶液温度の**飽和溶解度**により決まり，平衡論に支配される．最終温度を同じにして冷却速度を変えると，析出量は変わらないが析出サイズが変わるということになる．つまり，平衡論と速度論，さらに非平衡相分離により析出プロセスを解析できる．

析出サイズと形状

工業的に得られる結晶は，nmサイズからmmサイズまで，10^6 倍も異なってい

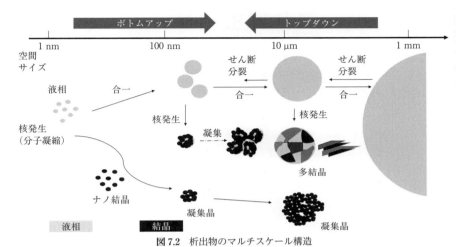

図 7.2 析出物のマルチスケール構造

乱流による微細化は 10 μm が限界で，せん断による微細化は 1 μm まで可能である．ビーズミル分散機の場合にはビーズ間ギャップに応じて，100 nm 程度以下までのナノ分散も可能になる．

る．しかも，結晶の形態は**ナノ結晶**から**凝集晶**や**多結晶**と多岐にわたり，形状も球形から針状や板状に至るまで多様である．よって，結晶の生成メカニズムは，単純な理論で説明されるわけもなく，マルチスケールな構造形成(第 2 章)をベースに考えることになる．

　析出による構造形成は，ボトムアップ型の**熱力学的非平衡**の構造形成と，トップダウン型の**流体力学的非平衡**の構造形成に分けられる．図 7.2 に示すように，核発生した分散相は，合一を繰り返し 10 μm 程度まで成長する．そして，このように比較的大きな分散相から核発生が起きることもある[2, 3]．その結果，針状や板状の多結晶に成長することは容易に想定される．たとえば，**カーボンナノチューブ**(CNT)や**シリコンナノファイバー**などは VLS(vapor-liquid-solid)機構[4]と考えられ，液相からの結晶成長である．CNT は気相炭化水素が液相の触媒粒子に反応溶解し，共晶点で相分離した後，冷却により成長する[5]．

　ナノファイバーの成長は，基本的にバルク結晶と同じく冷却プロセスが重要である．バルク結晶の場合には，引き上げ装置内で冷却速度を制御するが，ナノファイバーは自発的な冷却であるため，多様な結晶形態をとり得る．また，ナノ結晶は凝集性も高く，容易に凝集晶を形成する特徴がある．

前駆体

分子は過飽和状態において**分子クラスター**を形成しやすい．反応が起きている場合には，**前駆体**と総称される中間体が生成する．核発生までの**インキュベーション**期間（第4章）は，前駆体生成の反応速度により決まり，前駆体の濃度が臨界値に達すると**核発生**に至る．そのさい，前駆体は溶媒の一部を取り込み，液相核を形成し固相化に至ると考えられる（**二段核発生説**）．この液相核形成は分子凝縮過程であり，分子量が大きく粘度が高いほど拡散速度は遅く，核発生に至らず**スピノーダル分解**に留まる．核発生の場合は核形成のバリアーを越えた後，冷却によりエントロピーを下げ，分子配向して結晶化に至る．そして，液相核は nm サイズのため，冷却律速にならず，良好なナノ結晶になりやすい．

前駆体の化学種はさまざまであり，析出物を特定するのは難しく，溶解度を測定することは一層困難である．そのため，析出現象は現象論的アプローチに頼らざるを得ないことが多い．

クラスターと核

一般に，クラスターが大きくなり核に至るという描像は正しくない．たとえば，図 7.3 に示すように炭素材料を例にとると，代表的なクラスターである**フラーレン**が成長して**カーボンブラック**（CB）になることはない[6]．フラーレンは C60 のように，ポリゴン（多角形）から形成された 1 nm サイズの多面体である．一方，CB は平板状の**グラフェン結晶子**から構成された 10 nm 以上のナノ粒子である．燃焼において炭化水素ガスの圧力が低い場合（低濃度）にはフラーレンが主として生成し，圧力が高くなるにつれ CB の割合が増える．つまり，クラスターは低濃度で合成されやすく，核は高濃度で発生する．たとえば，ベンゼンの予混合火炎においては，まず CB が生成し，その後，フラーレンの生成が観察される[6]．つまり，前駆体の高濃度領域で核が発生し，その後，希薄な濃度域において前駆体は反応によりフラーレンに転換される．

一般に，クラスターサイズはせいぜい 1～2 nm 程度であり，核サイズは分子サイズに依存して 2 nm ～数十 nm 程度である．**ナノサイズ効果**は**量子サイズ効果**ともいわれ，**バンドギャップ**や**融点**などの物性はナノ粒子サイズに大きく依存する．たとえば，金ナノ粒子の融点降下データから判断して，単原子分子の臨界核サイズは 2 nm 程度である[7]．

図 7.3 に示すように，溶媒中に溶解したフラーレンが凝縮して核になり，**フラーレ**

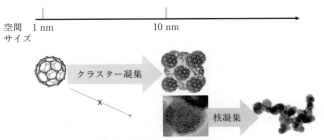

図 7.3 クラスターと核の相違

核発生の最小サイズは単原子分子の場合で 2 nm 程度，C60 のサイズは 1 nm 程度のクラスターである．核やクラスターを一次粒子として，高次の核発生や凝集に至る．

ン結晶となる場合がある．この臨界核サイズは 10 nm 前後で CB の一次粒子と同じであるが，構造はまったく異なる．

7.2 二段核発生説

溶液からいきなり固相の結晶が現れるのではなく，図 7.4 に示すように，液相を経由するというのが**二段核発生説**(第 3 章)である．この考えは古くからあったが，論文として現れたのは 2000 年前後である[8]．この説は，これまでの晶析現象の不思議(第 2 章)を説明する重要なコンセプトであり，今後，**晶析理論**として定着していくと思われる[9]．たとえば，なぜ自形成のある結晶が溶液から発生するのか？ これも液相核を経て結晶に至ると考えれば理解できる．

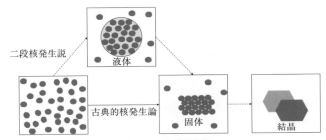

図 7.4 二段核発生説

液相核は分子凝縮核であり，固相化して結晶やアモルファスになる．液相核を経るため表面張力の影響で球状になりやすい．

[D. Erdemir, *et al.*, *Acc. Chem. Res.*, **42**, 625 (2009)]

液相核は分子の凝縮核であり,固相に至る過程は分子配向を伴い,エントロピーを減らす過程である.つまり,冷却が必須であり,ローカルミニマム状態が現れやすく,結晶の多形化も起きやすい.また,気相核発生であるCBの場合には,凝縮した液相核の内部で脱水素反応が進行し,グラフェンの生成とともに結晶化が起きる(第6章).CBの99%近くはグラフェン結晶子から構成されている.具体的には,CBの液相核は**多環芳香族炭化水素**(PAH:polycyclic aromatic hydrocarbon)[10]の凝縮核といわれ,表面張力により球状となっている.また,図7.3に示すように,CBの凝集は固相化までの液相核衝突による凝着であり,付着確率により凝集体の構造が決まる.

7.3 核成長とオストワルドライプニング

核発生した核が成長するメカニズムは,4種類に分類できる.第一は,**エピタキシャル**的な成長であり,核成長速度 g は $g = k(C-C_s) = kC_s(S-1)$ となる.ここで,C は過飽和濃度,C_s は飽和濃度,S は過飽和度 $S = C/C_s$ であり,k は**物質移動係数**で撹拌動力に依存する.つまり,S が大きく,k が大きいほど成長速度は大きくなる.第二は,核の凝集によるもので,液相核の表面性状により,凝集,合一などの形態変化が起きる.撹拌は凝集体を分散させる効果と,液相核の**衝突頻度**を大きくして凝集を促進する効果がある.第三は,粒子サイズ分布のある場合の**オストワルドライプニング**である.第四は,生成した核表面に新たな核が発生して成長する二次核成長である.スケールアップにおいては,核の成長モードを把握しておく必要がある.

上述のオストワルドライプニング[11]とは,核サイズに分布があるとき,小さい核が溶解して大きな核が成長する現象である.核のサイズが小さいほど臨界過飽和度は大きいため,過飽和度が一定の場合に,小さい結晶は溶解し平均結晶サイズが大きくなる.つまり,ナノ結晶のオストワルドライプニングは,融点のナノサイズ効果によるものであり,結晶の安定化プロセスともいえる.

乳化剤フリーの**エマルション**は,オストワルドライプニングが起きる[12, 13].つまり,小さいエマルションほど溶解度が高いため溶解し,大きいエマルションに組み込まれ成長し,結果として,平均エマルションサイズは大きくなっていく.このように,オストワルドライプニングはナノ結晶だけの特有の現象ではなく,結晶やエマルションの安定性に基づく普遍的な現象である.

7.4 晶析プロセス

晶析操作は粒子径や粒子径分布,さらに粒子形状や結晶性を制御して,溶液から高純度の結晶を得る単位操作である.**晶析**により得られた結晶粒子は,後工程でさまざまな成型体に加工することもあり粉体特性も重要になる.

スケールアップ

晶析操作のスケールアップは,反応器のスケールアップ則と基本的に同じであるが,結晶サイズ制御のために $S =$ const. が追加され(第6章),さらに複雑で難しくなる[14].まず,S の制御のために,冷却装置と冷却操作はもっとも重要である.次に,結晶サイズ制御のために攪拌[15]を適正化することになる.結晶サイズは**攪拌所要動力 P** の増加に伴い大きくなり,最大値を経て減少する.この理由は,攪拌により物質拡散が促進され,結晶サイズは大きくなり,攪拌がさらに強くなると,凝集性結晶の解砕により結晶サイズが低下する[16]ことによる.結晶の沈降防止も考慮して,単位体積当たりの攪拌所要動力 P_v を,好ましくは $0.1\,\mathrm{kW\,m^{-3}}$ 以下(結晶 10 wt% 以下の場合)とすることが多い.これは,反応器の P_v 値 $1\,\mathrm{kW\,m^{-3}}$ に比較して1桁小さい.

連続晶析の場合には,**結晶成長速度**[7]を拡散律速の条件下で,S や**攪拌レイノルズ数** Re の関数としてあらかじめ実験的に求めておく.なぜなら,k は**シャーウッド数** Sh の関数であり,Sh は Re の関数であるから,k は Re の関数となる.そして,目標の結晶サイズに達する**滞留時間**と,過飽和度を決める.詳細は省くが,CFD(computational fluid dynamics)を利用したスケールアップ方法[18]は実用レベルに達しているが,凝集晶や結晶形態[19]などの定量的な議論は難しい.

晶析振動

外部からの**強制振動**を与えなくても,結晶サイズが自励的に振動する場合がある(第4章).この**晶析振動**現象は,潜熱やオストワルドライプニングが関係していると思われる.析出や溶解プロセスでは潜熱の放出や吸熱が起きるため,強制的な冷却が乱される場合がある.つまり,核化速度と成長・溶解速度が相互作用を起こすような過飽和度のとき,結晶径の振動現象[20]が起こる.よって,スケールアップのポイントは,滞留時間の適正化による濃度調整と,攪拌を強化して槽内をできる限り均一にすることである.

非晶化

不純物が増えると構造が乱れ，結晶化しないことはよく知られており，結晶化せずにスピノーダル分解に至りやすい．スピノーダル分解は**双連続**(bi-continuous)な構造を有するため，結晶化しにくい．スピノーダル分解からの核発生は今後の研究課題[21]である．非晶化の対策としては，溶媒の選定や不純物の除去などがポイントになる．

演習問題

核発生の古典的な理論を取り上げる．1個の核が発生し析出することによるエネルギー変化 ΔG は

$$\Delta G = -\frac{4\pi r^3}{3}\Delta\mu + 4\pi r^2 \sigma \tag{1}$$

と表される．ここで，$\Delta\mu (\mathrm{J\,m^{-3}})$ は溶質の溶解状態と固体状態での体積エネルギーの差，$\sigma (\mathrm{J\,m^{-2}})$ は表面エネルギー，$r(\mathrm{m})$ は核の半径である．ΔG と r の関係は図のような曲線となる．

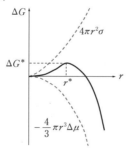

極大値 ΔG^* を示す半径 r^* よりも小さい核は不安定で消滅し，熱ゆらぎによってたまたま生じた核が r^* よりも大きいときのみ安定した核が形成される．この r^* を臨界核半径とよぶ．温度 T の溶液中における $\Delta\mu$ は溶質の物質量 M_p $(\mathrm{kg\,mol^{-1}})$，溶質密度 $\rho_\mathrm{p} (\mathrm{kg\,m^{-3}})$，過飽和比 $S=C/C_\mathrm{s}$ を用いて式(2)のように表される．ここで C は溶質濃度$(\mathrm{mol\,m^{-3}})$，C_s は飽和濃度$(\mathrm{mol\,m^{-3}})$である．

$$\Delta\mu = \frac{RT\rho_\mathrm{p}\ln S}{M_\mathrm{p}} = \frac{RT\rho_\mathrm{p}}{M_\mathrm{p}}\ln\frac{C}{C_\mathrm{s}} \tag{2}$$

(1) 臨界核半径 r^* を求めなさい．
(2) S と r^* の関係を述べなさい．
(3) 溶解度と r^* の関係を述べなさい．

解　答

(1) 核発生の点は $d\Delta G/dr = 0$ から計算されるので，式(1)を微分して式(3)を得る．

$$r^* = \frac{2\sigma}{\Delta \mu} \tag{3}$$

(2) 式(3)から S が大きいと r^* は小さくなる．

(3) 溶解度が高いと，S は小さくなる傾向があり，r^* は大きくなる．よって，貧溶媒では S は大きく核発生しやすく，逆に良溶媒では S は小さくスピノーダル分解に至りやすい．

参考文献

1) 山口由岐夫，"ものづくりの化学工学"，丸善出版 (2015), p. 87.
2) W. Kloek, et al., *J. Amer. Oil. Chem. Soc.*, **77**, 643 (2000).
3) 葛城俊哉，日本結晶成長学会誌，**26**(4), 184 (1999).
4) K. Yamaguchi, et al., *J. Phys. Chem. C*, **116**, 19978 (2012).
5) F. Ding, et al., *J. Chem. Phys.*, **121**, 2775 (2004).
6) J.B. Howard, et al., *J. Phys. Chem.*, **96**, 6657 (1992).
7) Ph. Buffat, J.-P. Borel, *Phys. Rev. A*, **13**, 2287 (1976).
8) P.R. ten Wolde, D. Frenkel, *Science*, **277**, 1975 (1997).
9) D. Erdemir, et al., *Acc. Chem. Res.*, **42**, 621 (2009).
10) M. Frenklach, H. Wang, *Twenty-Third Symposium on Combustion*, **23**, 1559 (1991).
11) P.W. Voorhees, *J. Stat. Phys.*, **38**, 231 (1985).
12) P. Taylor, *Adv. Colloid Interface Sci.*, **75**, 107 (1998).
13) 酒井俊郎，コスメトロジー研究報告，**22**, 26 (2014).
14) 西田貴裕，山崎康夫，粉体工学会誌，**44**, 420 (2007).
15) 上ノ山 周，仁志和彦，日本海水学会誌，**56**, 350 (2002).
16) P. Zauner, A.G. Jones, *Ind. Eng. Chem. Res.*, **39**(7), 2392 (2000).
17) 松岡正邦，日本海水学会誌，**45**, 345 (1991).
18) 小針昌則，日揮技術ジャーナル，**2**(2), 1 (2011).
19) 大島 寛，粉体工学誌，**38**, 251 (2001).
20) P.K. Pathath, A. Kienle, *Chem. Eng. Sci.*, **57**, 4391 (2001).
21) 田中 肇，栗原 玲，日本物理学会誌，**60**, 461 (2005).

第8章　分散プロセス

"ものづくり"において，**分散プロセス**や**混練プロセス**はきわめて重要である．しかし，分散や混練は製品特性を支配しているにも関わらず，その特性は十分に解明されていない．なぜなら，混ぜる，解砕する，練るなどの単位操作は装置特性に重点が置かれており，化学工学的な解析[1]は多くない．流体運動の複雑さに加え，装置依存性が強いため，体系化が進まず経験知や暗黙知に留まっているからである．たとえば，分散プロセスにおける濃厚な微粒子系の粘度は，**チキソトロピー(thixotropy)**や**レオペクシー(rheopexy)**(図 5.5)，さらに**ゲル化**に至るまで多様な変化を示し，微粒子の構造が変化し，その結果が粘度を経てプロセスに影響を与えるために体系化は難しい．

分散操作はものづくりの中間プロセスであるため，分散操作の評価も難しい．よって本章では，経験から原理に立ち返り，分散操作と製品特性の関係を理解するために，分散操作による構造形成のメカニズムを中心に，スケールアップの課題を考える．

凝集体は製品性能に影響を与えるため，分散装置の選定と操作条件を決めるにさいし，最終的なサイズ分布の目標を決めておく必要がある．しかし，この目標は製品性能により決まるものであり，多くの試行錯誤を必要とする．しかも，サイズ分布に加え，凝集体構造の制御も必要であり，ナノ粒子の製造から分散や混練に至るまでの一貫した粒子構造制御が重要になる．しかし，粒子構造は材料物性とプロセスに影響を受けるため，現状は経験的であり，技術の伝承に頼っている．

ナノ粒子は**表面エネルギー**が大きいため凝集しやすく，凝集サイズは一次から高次にわたり，1 mm 程度まで大きくなることもある．粒子の一次凝集は化学結合支配であり，高次凝集(1 μm 以上)は物理的な凝着力支配となるため，一次の**凝集エネルギー**は高次の凝集エネルギーよりも 1 桁以上大きい．このため，一次粒子への分散は**ナノ分散**とよばれ，高いエネルギーを必要とする．このため，大きな流体エネルギーを注入すると，そのほとんどが熱エネルギーとして散逸するため，エネルギー効率は低くなり，装置の撹拌や冷却などに工夫が必要になる．

分散操作は図 8.1 に示すように**ボトムアップ型**と，**トップダウン型**に分けられる

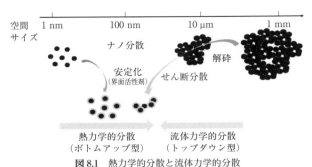

図 8.1　熱力学的分散と流体力学的分散
熱力学的分散は界面活性剤や表面電荷を用いて，バリアーを越えないようにする．流体力学的分散は解砕を経て，粒子間凝集のバリアーを越えて分散に至る．

(第2章)．ボトムアップ型は熱力学的な分散操作であり，**界面活性剤**などを利用してナノ粒子を安定化させている．一方，トップダウン型は流体力学的な分散操作であり，**せん断力**や**伸長力**を利用して凝集塊を**解砕**(粉砕)する．そのさい，粘度が高いと，**混練機**による**混練分散**になる．

本章ではすべての材料・プロセスに共通する凝集体について説明する．凝集体の構造や強度は品質を決定づけるため，凝集体の形成と変化は材料・プロセスの中心課題となる．しかし，凝集体構造を測定し評価するのは難しく，スケールアップを困難にしている．

8.1　熱力学的分散

粒子間ポテンシャル

ナノ粒子の分散と凝集は粒子間の**引力**と**斥力**のバランスで決まり，DLVO (Derjaguin, Landau, Verwey, and Overbeek)ポテンシャルを用いて解析[2]される．引力はファンデルワールス力(van der Waals force)で，斥力は静電気力である．分子間力であるファンデルワールス力が及ぶのは数 nm 程度までであり，一方，静電気力は長距離力であるため，粒子近傍に図 8.2 に示すように**ポテンシャル障壁**により分散状態を保つことができる．分散状態に留まる目安として，ポテンシャル障壁が $10kT$ [2](k はボルツマン定数，T は絶対温度)以上が必要である．水溶液系では，ナノ粒子表面の官能基や，表面吸着した界面活性剤の電離による電荷反発により，ナノ粒子は分散される．一方，**非水系**では，電荷反発にかわり，浸透圧や立体反発による斥

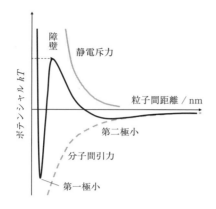

図 8.2 DLVO ポテンシャル
第一極小で凝集し，第二極小では安定に配位する．障壁の高さが十分に高いと分散状態をとる．

力が作用し，DLVO ポテンシャルと類似の議論が可能である．以上のように，**熱力学的平衡論**に基づく分散と凝集は，ナノ粒子の**表面改質**や**界面活性剤**，それに溶媒の選択などの**調液操作**により制御される．

界面活性剤

水系の分散に界面活性剤[3]は多用されている．**カチオン性**や**アニオン性**に加えて，両方の性質を有する**両性界面活性剤**は正や負に帯電した**コロイド分散**に用いられる．正と負の混合コロイド系では**ヘテロ凝集**を起こすため，両親媒性界面活性剤を用いても調整は難しい．界面活性剤の使用は適正化が大切[3]であり，過剰も不足も性能問題を起こす．

緩慢凝集と急速凝集

分散状態が不安定になると，凝集することにより安定化する．凝集プロセスを粒子が近接し衝突するまで(粒子の拡散過程)と，粒子が付着するまで(反応過程)に分ける．これから，粒子の拡散過程が律速になると反応が速く**急速凝集**となり，逆に，粒子の反応過程が律速になると**緩慢凝集**になる．その結果，急速凝集は図 8.3(a)に示すように**拡散律速凝集**(**DLA**：diffusion limited aggregate)構造[4]となる．一方，緩慢凝集は図 8.3(b)に示すように**反応律速凝集**(**RLA**：reaction limited aggregate)凝集に至る．そして，急速凝集は反応が速く，分散から凝集への変化は不連続になる．たとえば，**塩析**は急速凝集であり，コロイド溶液に塩を添加すると，コロイド電荷が遮蔽されて反発力を失い，急速に凝集し DLA 構造を示す．このような凝集体の構造は製品の品質に大きな影響を与えるため，凝集体の構造制御は材料・プロセスにおける最大

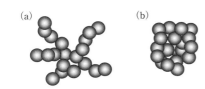

図 8.3 凝集形態
(a)急速凝集,(b)緩慢凝集. 急速凝集は拡散律速で DLA 凝集となり, 緩慢凝集は反応律速で RLA 凝集である.

の課題といえる. よって, スケールアップにさいしては, 粒子濃度, pH, イオン強度などに加えて, 撹拌装置の設計が重要になる.

バイモーダル粒子径分布

凝集体サイズ分布が, 図 8.4(b) に示すような**バイモーダル**(bimodal)分布[5, 6]になる場合がある. たとえば一次粒子を 10 nm とすると, およそ 10 倍の 100 nm に凝集塊ができる. さらに, 1 μm にも高次の凝集塊ができ, **マルチモーダル**(multimodal)分布となることもある. マルチモーダル分布の制御の例として**乳化重合トナー**[7]がある. 乳化重合トナーは, ワンポットでエマルション重合されたヘテロな凝集粒子である. 一次粒子は 50 nm 程度であり, その凝集体は 500 nm と不連続に凝集成長し, 最終的に 5 μm のシャープな粒度分布をもつトナーになる. 連続凝集ではブロードな粒子系分布になり, トナーには適さない.

バイモーダル分布の形成メカニズムに定説はないが, 界面活性剤の粒子表面への被覆が不十分な場合に, 凝集体と安定な分散粒子に相分離した**自己組織化現象**といえ

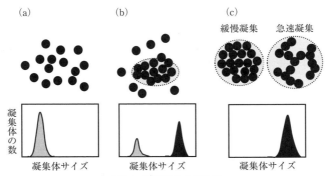

図 8.4 凝集体サイズ分布
(a)分散, (b)バイモーダル, (c)凝集. バイモーダル凝集は界面活性剤が不十分な場合で, 安定な一次粒子と安定な凝集体に相分離したものである. さらに, マルチモーダル凝集も存在する.

る．粒子が凝集すると被覆に必要な界面活性剤は減り，過剰な界面活性剤は不安定な分散粒子に吸着し，安定な分散粒子となる．いい方をかえれば，界面活性剤の再分配により，凝集体と分散粒子の双安定な状態に落ち着く．

8.2 流体力学的分散

凝集体(aggregate)を解砕し分散するために，流体力が用いられる．常識的には，流体力を強くするほど分散が進むと考えるが，この描像には注意が必要である．その理由は，流体力が強く分散時間が長くなると，流体力起因の**凝集塊**(agglomerate)が生成するためである(第5章)．ここで，aggregateは熱力学的な凝集であり，ポテンシャル障壁のため一般的には不可逆である．一方，agglomerateは流体力学的な凝集であり，流体力を解除するともとに戻る可逆性を示す場合とポテンシャル障壁を越えて不可逆になる場合がある．

流体エネルギーの増加に伴って分散が進行し，さらに流体エネルギーが増加するとエネルギー障壁を越えて逆に凝集する．この再凝集はもとの凝集体ではなく凝集塊に至る．

せん断力分散と伸長力分散

流体力を慣性力と粘性力に分けると，**慣性力支配**の乱流領域では**乱流渦サイズ**(およそ $10\,\mu m$ まで)により，分散は μm サイズまでとなる．よって，ナノ分散には粘性力を利用し，せん断力と伸長力に分けて考える．**ビーズミル**はビーズ間の流体加速による**伸長変形**を利用し，粒子間ギャップの近傍ではせん断変形が起こり，せん断力と伸長力により分散する．**伸長力分散**は，せん断力による分散よりも分散効果は大きく，**ビーズレス分散**などに利用される．**ホモジナイザー**は，ギャップ間を狭くし，高速回転により**せん断力分散**を実現する．

表面解砕と体積解砕

一般に，凝集体の解砕(粉砕)は，**表面解砕**と**体積解砕**の2種類に分けられる．解砕過程は外力 F の大きさと，凝集体の凝集力 A の比で決まり，$F > A$ のときは体積解砕となり，$F = A$ のときに表面解砕になる．つまり，分散初期は粘度が高いため F が大きく，図 8.5(a) に示すように体積解砕支配となり，解砕が進むと F は粘度低下により減少し，表面解砕に移行する[8]．参考のために，**粒子法シミュレーター** SNAP を用いて，粒子間の摩擦係数および**粒子ペクレ数** Pe を大きくした結果[9]を図 8.5(b)

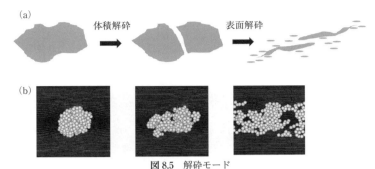

図 8.5　解砕モード
(a)概念図，(b)SNAPシミュレーション(粒子径：50 nm，ゼータ電位：0 mV，摩擦係数：1.0，粒子ペクレ数：5×10^4)．分散初期は体積解砕で，解砕が進むと粘度低下して表面解砕に移行する．

に示す．初期は，せん断力により体積解砕が起き，その後，表面解砕により分散が進む様子を理解できる．

過分散

凝集体の解砕が進むにつれ粘度は低下し，再び上昇するような**過分散**現象が起きる．この過分散は shear thinning(粘度低下)に引き続いて起きる shear thickening (粘度上昇)であると考えられる(第5章)．この過分散においては凝集が進むため，分散において過分散を避けることが求められている．また，過分散は解砕による新生面の増加により凝集するという説[10]もある．過分散を避けるため，たとえば，投入エネルギーを適正化し，分散時間を調整する．

8.3　凝集構造と性能

ポリマーやゴムなどの材料だけでは，要求される性能を実現できない場合に，**ナノフィラー**を添加し性能向上が図られる．**マトリックス**中のナノフィラーの凝集構造は性能に大きな影響を与えるために，分散プロセスの重要性は増している．たとえば，マトリックス中へのフィラー添加により，力学的強度の向上が期待される．一般に，フィラーは金属，金属酸化物，カーボンブラック(CB)，ガラス，粘土鉱物などさまざまな材料が用いられている．コンポジットは力学的性能とコストを最適化するために，フィラーの添加量を減らし強度を保持するため，**ミクロンフィラー**からナノフィラーへと移行しつつある．力学的強度に加えて，電子や熱の伝導性のニーズも高ま

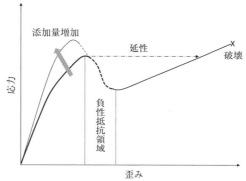

図 8.6 ナノコンポジットの力学特性
ナノ粒子を添加すると，ヤング率は増加し，降伏値も増加する．負性抵抗は振動を誘起してシシカバブ構造(結晶とアモルファスが層を形成した構造)をとることがある．

り，近年，ナノフィラーの需要が増している．つまり，性能向上のために**ナノ分散**が必要になっている．

力学的強度

コンポジットはナノフィラーの添加により，図 8.6 に示すように力学的強度が増す[11]．とくに，**ヤング率**の増加と**降伏値**の増加は顕著である．一般に，このように応力・歪み特性が強い非線形性を示す(第 4 章)のは，材料内部の高分子の絡み合い構造によるものであり，**分岐ポリマー**の特徴である．結果として，**衝撃エネルギー**吸収の特性や，伸長による**配向特性**の向上が期待される．つまり，ナノフィラーはポリマー鎖の絡み合いを促進し，ナノコンポジットは分岐ポリマーと類似の特性を示す．そのため，ナノフィラーは直鎖状の凝集構造が好ましく，図 8.5 に示すような表面解砕まで分散することが望まれる．つまり，**高次凝集**を解砕して，直鎖状の一次凝集体まで分散することになる．

光物性

ポリマーへのナノフィラーの添加により，**複屈折率**[12]は高くなるが，**透明性**を確保することも求められるため，ナノ分散が必要になる．この場合にも，一次凝集体(200 nm 以下)にまで分散することが求められる．透明性のほかに，黒色顔料としての CB は高い黒度が求められ，一次粒子は 20 nm 以下とできるだけ小さいことが好まれ，

ポリマーに CB を添加し，一次凝集体まで**混練分散**される．

導電性

透明導電膜はタッチパネルなど用途が多く，**透明性**と**導電性**はトレードオフのため，分散が必須となる．しかも，パーコレーションしやすいのは直鎖構造のナノフィラーのため，分散しすぎてもよくない．たとえば，透明導電性ナノフィラーとして ITO (indium tin oxide) 粒子は，PET フィルム上に塗布[13]される．ほかにも，**リチウムイオン電池**の電極材料に，**導電性 CB** を添加し，導電性の向上が図られている[14]．

導電性高分子 PEDOT (poly(3, 4-ethylenedioxy thiophene)) に PSS (poly(4-styrenesulfonate)) を添加した PEDOT/PSS 系は，分散性の向上したエマルションであり，塗布・乾燥により安価に薄膜を製造できるため多用されている．さらに，導電性を高めるために高沸点溶媒の DMSO (dimethyl sulfoxide) や EG (ethylene glycol) を添加し，乾燥における凝集を促進している．さらに，塗布プロセスではスロットダイを用いて配向させ導電性を上げる工夫もされている．この例からわかるように，凝集体の大きさ，凝集体の集合，凝集体の配向などが重要になっている．

8.4 分散プロセスのスケールアップ

代表的な分散機として，**ホモジナイザー**と**ビーズミル**が挙げられる．ホモジナイザーは主として，**エマルション**の製造などに適している．一方，ビーズミルは，主として**顔料分散**などに用いられる．

回転速度

せん断力は粘度 μ とせん断速度 du/dy の積である．よって，せん断速度一定，つまり $u/L = \text{const.}$ のスケールアップ則①（第 1 章）を用いるのは μ の変化が小さい場合であり，ホモジナイザーに適している．一方，ビーズミルはビーズを媒体にしているため，ローターの回転速度はビーズの並進や回転運動を支配するが，ビーズの充填率などの影響を受けるため，せん断速度一定のスケールアップは適切ではない．また，個々のビーズ運動を決定することは，きわめて難しいため，**所要動力**を用いることを勧めたい．

所要動力

ビーズミルのギャップはビーズ間であり，ビーズ運動は**ローター回転**や**ビーズ充填**

率などにより決まるため，せん断速度一定のかわりに，単位体積当たりの所要動力 P_v を用いて，$P_v = $ const. のスケールアップ則②(第1章)を適用する．ビーズ充塡率や材料投入量が変化する場合には，装置容量のかわりに，材料の単位質量当たりの所要動力 P_m を用いて，$P_m = $ const. とする場合もある．投入動力としての P_m (P_m の時間積分)は $1 \sim 10$ kW h kg^{-1} [10, 15]と，通常の撹拌よりも大きい．このような分散に必要なエネルギーは，およそ**破砕エネルギー**と**流動エネルギー**と**熱エネルギー**の総和であり，熱エネルギー損失が大きい．ボールミルの**粉砕速度**と P_m の関係は，ビーズミルと同様に，P_m が大きくなるほど粉砕速度は大きくなるが，μm サイズまでの分散のため，P_m は約 1 kW kg^{-1} [16]とナノ分散よりも1桁小さい．

滞留時間

連続操作の場合には，目標の分散サイズに達する**滞留時間** τ を決める必要がある．分散機の滞留時間は反応器の滞留時間と同様に考えるとわかりやすい．つまり，凝集体の**分散速度**を反応速度とみなし[17]，回転速度 u や P_v の関数として回分操作であらかじめ実験で求めておく．そのさい，モル濃度ではなく，質量基準濃度 m (kg m^{-3}) で表し，分散速度を dm/d$t = -km$ のように m の一次反応と仮定する．たとえば，**分散速度定数** k(1 s^{-1})や**分散サイズ** d_p は，$k = f(P_v)$，$d_p = g(P_v)$ とする．つまり，分散と凝集は投入エネルギーに応じて**動的平衡**(分散粒子径が定常状態)に達しているという前提である．とすれば，CSTR(continuous stirred tank reactor)における粒子の保存から，式(8.1)が得られる．

$$F(m_i - m) = V\phi km \tag{8.1}$$

ここで，V は分散機実容積(m^3)，F は供給速度(m^3 s^{-1})，ϕ は分散機中の材料体積分率であり，m_i は供給初期濃度とする．式(8.1)の保存式を解くと式(8.2)を得る．

$$\tau = (m_i - m)/km \tag{8.2}$$

ここで，$\tau = V\phi/F$ である．式(8.2)から初期濃度 m_i を最終濃度 m にするための τ を求められる．また，滞留時間分布 $g(\theta)$ は式(8.3)から推算できる[18]．ここで，$\theta = t/\tau$ である．

$$g(\theta) = e^{(-\theta)} \tag{8.3}$$

滞留時間一定，$\tau = $ const. のスケールアップ則③(第1章)は，分散速度が律速の場合に適用できる．現実は P_v を増やすほど，分散速度は大きくなるため，P_v と τ，さらに d_p との最適化を図ることになる．

粒子径

分散装置が同じで粒子径が異なる場合には，**粒子ペクレ数** $Pe = ud_p^2/hD_p$ を用いて，$Pe = $ const. の条件でスケールアップする．ここで，u は回転速度，d_p は粒子径，h はギャップ距離でありビーズ分散ではビーズ径，D_p は**粒子拡散係数**である．せん断速度は u/h で評価され，結果的に，$Pe = $ const. はスケールアップ則の①に対応している(第1章)．このように Pe を用いると，粒子径の異なるデータと比較できる(第2章)．

演習問題 1

コンポジットを製造するさいにフィラーを添加する．ナノフィラーの場合にはナノコンポジットといわれる．
(1) ミクロンフィラーとナノフィラーでは何がかわるのか説明しなさい．
(2) それぞれの添加量について説明しなさい．

解　答
(1) ナノフィラーは凝集していることが多く，添加後の解砕・分散が重要になる．nm サイズに分散されると，コンポジットは透明になり用途が広がる．また，機械的強度もミクロンフィラーと同様に向上する．
(2) 通常，樹脂に対してミクロンフィラーは 10% 以上であり，ナノフィラーは 1% 前後が好ましい．しかし，ナノ分散が困難な場合，10% 以上の添加量になることもある．ナノフィラーの添加量は少ないほど好ましく，解砕・分散技術の良し悪しで添加量は決まる．

演習問題 2

下図(a)のように，2個の結合した粒子に第三の粒子が濃度勾配に従って拡散することを気相拡散，(b)のように3個の粒子のうち1個が結合してから表面を移動して，熱力学的な安定位置に拡散することを表面拡散という．(a)と(b)の素過程を経て，(c)と(d)の2種類の形状の粒子凝集体ができる．この凝集体の違いを説明しなさい．

(a)　　　　(b)　　　　(c)　　　　(d)

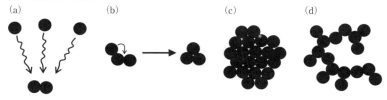

解 答

　表面拡散と表面反応の関係は，固着する反応が速いと表面拡散は小さくなる．つまり，固着反応が速いと気相拡散が律速になり，(d)の凝集体となる．これを拡散律速凝集(DLA)という．一方，逆に固着反応が律速になると，(c)の反応律速凝集(RLA)になる．塩析を利用した豆腐タンパク質の凝集は析出が速く凝集も速いため，DLAになり空隙も多く柔らかい食感になる．

　代表的なナノフィラーであるカーボンブラックもDLAであり，ポリマーやゴムへの添加により力学的強度が上がる．そのさい，解砕・分散・混練により，好まれる直鎖状に分散される．カーボンナノチューブは性能はよいが価格が高すぎるため，特殊用途に限定される．

参考文献

1) 釣谷泰一，色材協会誌，**51**，289 (1978).
2) 神谷秀博，飯島志行，粉砕，**55**，12 (2012).
3) 山口由岐夫 監修，"分散・塗布・乾燥の基礎と応用"，テクノシステム (2015)，pp. 23-38.
4) 神谷秀博，神保元二，化学工学論文集，**17**，837 (1991).
5) 朝田和孝ら，日本接着学会誌，**49**(12)，454 (2013).
6) 松宮健太郎ら，日本食品科学工学会誌，**60**(11)，644 (2013).
7) 岸本琢治，長谷川 純，高分子，**53**，805 (2004).
8) 志賀周二郎，日本ゴム協会誌，**60**，126 (1987).
9) せん断流れ中の凝集体解砕動画，http://nanotech.t.u-tokyo.ac.jp/movie.html
10) 針谷 香，橋本和明，*J. Jpn. Soc. Colour Mater.*，**79**(4)，136 (2006).
11) 仁科辰夫，FBテクニカルニュース，**64**，3 (2008).
12) 大林達彦ら，*Fujifilm Research & Development*，**58**，48 (2013).
13) 安田徳行，表面技術，**60**(10)，647 (2009).
14) L. Flandin, *J. Appl. Polymer Sci.*, **76**, 894 (2000).
15) 院去 貢，田原隆志，粉体工学会誌，**41**，578 (2004).
16) 鈴田裕一朗ら，粉体工学会誌，**44**，180 (2007).
17) 釣谷泰一，色材協会誌，**51**，309 (1978).
18) 庫本睦雄，*J. Jpn. Soc. Colour Mater.*，**78**(4)，191 (2005).

第9章 混練プロセス

"ものづくり"において混練は分散と同様に重要であるが，分散操作よりも混練操作は品質を予測することはさらに難しく，経験知に頼ることが多い．たとえば，コンクリートの練りは，流動性を高め，乾燥クラックを減少させ，高強度化に寄与することは知られているが経験的である．また，リチウムイオン電池などの負極の電子伝導性は，混練により向上するが，どれくらい練ればよいのかわかりにくい．このように，さまざまな"ものづくり"で用いられる混練は，材料も装置も目的も多種多様であるため，個別で一般化が難しく，装置依存の強い単位操作になっている．その結果，混練プロセスは産業界のニーズは大きいにも関わらず，アカデミアの研究も限定的であるため，"ものづくり"におけるミッシングリンクになっている．このように，混練による材料の構造変化は，十分にわかっていない．

混練の対象はポリマーやゴムなどの**コンポジット型**と，スラリーや湿潤粉体やエマルションなどの**粒子分散型**に分類できる（表9.1）．コンポジット型はフィラーを解砕

表9.1 混練の分類

	材料系	混練装置	目的	応用分野	構造形成
コンポジット型	ポリマーとフィラー	押出機	解砕，混合	コンポジット	shear thinning
	ゴムとCB，シリカ	バンバリーミキサー	解砕，混合	タイヤ	部分ゲル化*
粒子分散型	スラリー湿潤粉体	高粘度用撹拌ニーダー	分散，混合，圧密	電池の電極，コンクリート，食品	shear thickening
	エマルション	高粘度用撹拌	分散，混合	食品，化粧品，塗料，粘着剤	ゲル化

*CB粒子の周囲がゲル化し，ゴムの応力・歪み特性を決定づける．
コンポジット型はナノフィラー添加により力学的強度が高められている．混練が不十分だとナノフィラーの添加量が増え，力学特性も劣化する．粒子分散型は力学特性に加えて電気特性や光学特性が向上する．

しつつ混合し，均一なコンポジットを製造する．多種多彩なマトリックス材料とフィラー粒子の密着性は，混練により改善され，力学特性が向上する．ポリマーコンポジットは，**押出機**を用いて，せん断発熱を利用してポリマーを溶融し，フィラーの解砕と分散により，高強度化が実現される．一方，**ゴムコンポジットはバンバリーミキサー**などを用いて，**カーボンブラック**(CB)や**シリカ**などのフィラーを解砕し混合され，**タイヤ**の**燃費**や**グリップ特性**の向上を実現する．

粒子分散型の混練には，コンポジット型よりも粘度が低いため，高粘度用の**攪拌装置**や**ニーダー**(kneader)などが用いられる．化学工学においては，混練は粘稠な材料の攪拌混合という機械的な単位操作に分類されており，装置特性の理解に重点が置かれている．

本章では材料・プロセスのなかで十分に解明されていない混練プロセスを解説する．混練における構造形成の学理と混練の効果を検証し，スケールアップの要点を説明する．

9.1 材料とレオロジー特性

混練プロセスを制御するために，材料の構造変化による**粘度特性**を，**トルク変化**として測定する．実際の混練プロセスは，装置形状に起因した複雑な流動場のため，トルクの予測は難しく，ラボ実験による**レオロジー解析**は必須となる．**混練プロセス**による材料構造変化の分析的解析[1, 2]は，濃厚なため難しいが，レオロジー特性の理解に役立っている．

コンポジット型

ポリマーやゴムにフィラーを添加したコンポジットの場合は，**粘弾性特性**の変化が混練の指標になる．ポリマーコンポジットの場合は，**軟化溶融状態**でフィラーを解砕し混合することが混練の目的になる．

粘弾性特性は材料構造を反映するので，材料を製造するさいの構造変化のみならず，製品の材料構造も知ることができる．粘弾性特性はバネとダッシュポットの組合せの**力学モデル**を用いて表現され，一般に，**複素弾性率** G^* は**貯蔵弾性率** G' と**損失粘性率** G'' を用いて式(9.1)のように定義される．

$$G^* = G' + iG'' \tag{9.1}$$

外部より正弦的な振動を与え，その**応答解析**により G' と G'' を同時に求め，これから式(9.2)を得る．

$$\tan \delta = G''/G' \tag{9.2}$$

一般に，実数部 G' は保存量で，虚数部 G'' は散逸量であるため，**tan δ** が大きいと，内部の**エネルギー損失**が大きいことを意味し，$\tan \delta$ の温度依存性を測定することにより，コンポジット材料の**力学特性**を評価[3]できる．

粒子分散型

濃厚スラリーや**湿潤粉体**，**エマルション**などの**粒子分散**の場合は，溶液系であるため基本的に粘度支配であり，構造変化は粘度変化として現れる．たとえば，分散に伴う shear thinning を経て，**流体力学的凝集**による shear thickening などの現象が見られる．このように，混練プロセスは図 9.1 に示すように，**凝集体**(aggregate)の分散を経て，再び凝集して，**凝集塊**(agglomerate)[4]に至る構造変化を起こす．

ここで，aggregate と agglomerate の構造上の相違は，凝集体粒子の**配位数**に現れる．濃厚な粒子系の aggregate は配位数が 4 程度なのに対して，agglomerate の配位数はおよそ 6～8 以上であり，圧密が進むとさらに配位数は大きくなり，**最密充填**(fcc)構造の 12 に近づく．つまり，粒子ペクレ数 Pe を増やすにつれて，thinning → thickening → thinning を示す．

粒子濃度が高くなるにつれて，thickening のはじまりは低ペクレ数側にシフトし，粘度上昇も大きくなる．つまり，濃厚になるほど thickening 現象は顕在化して，塗

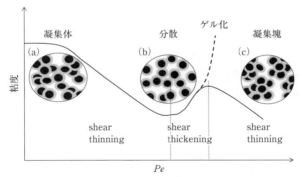

図 9.1 粘度の粒子ペクレ数依存性と粒子系構造
凝集体(aggregate)は粒子ペクレ数 Pe の増加とともに分散され，さらに粘度増加の後，緻密な凝集塊(agglomerate)に至る．凝集塊は混練により(c)のように，圧密粒子層と空隙に相分離する．乾燥により空隙は消滅し，良好な圧密体ができる．また，混練による透水係数の増加によりクラック防止にも役立つ．

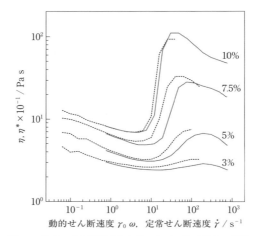

図9.2 粘度のせん断速度依存性における粒子濃度の影響 実線は定常粘度 η, 破線は動的粘度 η^* を示しており, η と η^* はよく一致している. 粒子濃度が大きくなると, 粘度の増加とともに, 低せん断速度からの粘度上昇は急峻になる. Pe はせん断速度に対応している.
[S.R. Raghavan, S.A. Khan, *J. Colloid Interface Sci.*, **185**, 63 (1997)]

布や成型加工が難しくなる. エマルションの場合も粒子系と同様であり, エマルションの濃度が増加するにつれ, thickening は顕在化して増粘するため, 輸送や塗布などが難しくなる. さらに, 粒子径が小さくなるにつれ粘度が高くなるため, 粘度を下げる工夫が必要になり, 大きな粒子と混合し, 粘度を下げる[5]ことは有効となる. せん断速度と粒子径の粘度依存性を関係づけるには, 粒子ペクレ数が有効であり, それを整理したのが図9.1である. つまり, あらかじめ粘度の粒子ペクレ数依存性を測定し, ラボ実験のトルク変化と対応させて, スケールアップすることが望ましい.

フュームドシリカ(fumed silica)を用いて, **定常粘度**と**動的粘度**を比較した例を図9.2に示す[6]. 粘度計のなかでも回転粘度計は安価で簡便に定常粘度を測定できる. 一方で, コーンプレート式のレオメーターは**粘弾性特性**を測定でき, 動的粘度が求められる. 両者を比較すると, shear thickening が起きはじめるせん断速度までは良好な一致を示している. そして, shear thickening に至ると, せん断の与え方により粘度特性は変化する.

9.2 混練のダイナミクス

混練プロセスのダイナミクスはトルク変化や単位体積当たりの**所要動力** P_v の変化に現れる．一般に，**コンポジット型**ポリマーの場合には，図 9.3(a)に示すように初期はトルクが大きく，その後低下して緩やかな一定値が続く[7]．混練初期の**解砕**は，粘度が高いため**体積解砕**であり，溶融温度が高く粘度の低下につれて**表面解砕**となる[8]（第8章）．その後，解砕されたフィラーはマトリックス中に拡散して均一になる．一方，コンポジット型ゴムの場合には図 9.3(b)に示すように，第二ピークを示す場合[9]がある．この原因は部分ゲル化の発生と考えられており，せん断発熱によるラジカル発生などを抑制するとゲル化を阻止できるといわれている．

一方，**粒子分散型**の場合は，図 9.3(b)に示すように初期のトルクは大きく，その後，一度減少した後，再びトルクは大きくなり減少する．この挙動は，濃厚粒子分散型の粘度特性（図 9.1）と対応しており，高次凝集体の一次凝集体までの解砕が進行し，その後の第二ピークは shear thickening 現象と考えられる．さらに，その後のトルク減少は，塊状化の進行と考えるのが妥当である．混練の最終段階で圧密が進む作用力は，凝集塊の間隙（図 9.1(c)）に存在する流体の粘性運動により発生する圧力である．

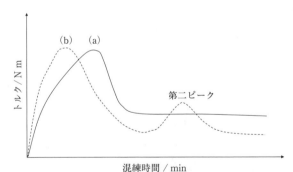

図 9.3　混練によるトルク変化

(a)コンポジット型ポリマー，(b)粒子分散型．混練の初期は粘度が高いためトルクが大きい．コンポジット型ポリマーは混練に伴う発熱により粘度が低下するので，第二ピークは顕在化しにくいが，粒子分散型は第二ピークが顕在化しやすい．この第二ピークは shear thickening と類似の流体力による粒子凝集による．トルク $T(\mathrm{N\,m})$ を動力 $P(\mathrm{kW})$ に変換するには，回転数 $n(\mathrm{rpm})$ を用いて，$P = Tn/9549$ となる．

[後藤秀且, 日本ゴム協会誌, **70**(11), 642 (1997)]

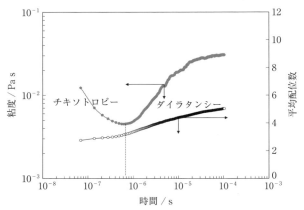

図 9.4 混練による粘度変化と配位数変化
SNAP の計算条件（粒子径：0.29 µm，体積分率：$\phi = 0.43$，ゼータ電位：0 mV（凝集系），粒子ペクレ数：10^5）．粒子シミュレーター SNAP による結果であり，初期の粘度低下の後，粘度上昇が見られる．そして，粒子の平均配位数の増加が見られる．
[http://nanotech.t.u-tokyo.ac.jp/index_snap2014.html]

つまり，凝集塊の運動により，その間隙に高い静圧が発生し，この圧力が凝集塊を圧密する．コンポジット型においても，CB のような凝集性の強いフィラーを高濃度に練る場合[10, 11]には，shear thickening 現象が現れ，ラジカル反応と物理的な原因が混在化していると思われる．

実際の**混練操作**においては，時間とともに粘度が低下し，その後粘度が上昇する．粒子系のシミュレーター SNAP を用いた結果[12]を図 9.4 に示す．この粘度の時間依存性を示す流体の性質を，**チキソトロピー**（thixotropy：粘度減少）や**レオペクシー**（rheopexy：粘度増加）[13]という．濃厚粒子系では，**緩和時間**が長く，定常状態に達するには時間が必要なため，粘度の時間依存性，つまり非定常過程が長くなることによる．さらに，shear thickening を示す流体の性質を**ダイラタンシー**（dilatancy）という．ダイラタンシーは，体積膨張する性質という意味であり，流体力が作用しなくなると，圧密されていた凝集塊が膨張することを意味する．ただし，上述と逆の説[14]（"ダイラタンシーは**最密充塡状態**に外力を加えると，**最疎充塡状態**に変化する現象である"）もあり注意を要する．いずれにしても，チキソトロピー，レオペクシー，ダイラタンシーは shear thinning や shear thickening 現象の現象論的な描像である．

9.3 混練の効果

粒子分散型の混練プロセスは，熱力学的な凝集体を流体力により分散し，さらに流体力により圧密された凝集塊に変化させる．このように，混練プロセスは強い非線形性を有した**非平衡過程**であるため，体系化は遅れており，化学工学的な研究が待たれる分野である．混練プロセスの品質に与える効果を以下にまとめておく．

高密度化と力学的強度

凝集塊の圧密化は，粒子間の接触をよくし高密度化する．たとえば，**生コンクリート**の混練は，骨材とセメントの接触により反応を促進し，良質なコンクリート[15]になる．また，**リチウムイオン電池**では，**活物質粒子**とCBなどの**導電助剤粒子**の接触がよくなるため，**電子伝導性**が向上[16]する（図9.5）．ほかにも，**練り製品**は混練により，食感や味をよくしている．また，高密度化により，必然的に力学的強度も増加[17]する．

流動性と透水係数

混練により圧密された凝集塊は，大きな**透水係数**をもつ．つまり，図9.1(a)の凝集体よりも図9.1(c)の凝集塊のほうが透水係数は大きい．また，凝集塊は大きな透水係数により流動性が増し，成型加工や塗布などの品質を向上させる．たとえば，生コンクリートは型枠に流す場合には，流動性が必要であり，型枠に注入後，過剰な水は自発的に自由表面に分離[18]する（**ブリージング現象**）．つまり，生コンクリートの流動性は高く，透水係数も高いということになる．このように，流動性と透水係数には正の相関があり，さまざまな材料の混練により得られる優れた効果である．

混練による流動性と透水係数の増加とともに，**照りや香り**が発生することがある．

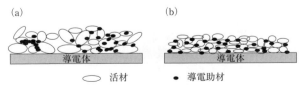

図9.5 混練による膜の概念図
(a)混練不良，(b)混練良好．混練が不十分の場合は，粒子間空隙も残り導電材料も不均一になる．混練が十分の場合は，緻密な粒子層と導電材料も分散され均一になる．

たとえば、**濃茶**を練ると香りが立つ．ほかにも，土壁の粘土と土砂を練ると"ノロ"が出る（水分が滲出する現象）[19]．このように，生活のなかにおけるさまざまな練りは，機能を向上させるために必須のプロセスといえる．また，照りや香りは工芸品をはじめ，**食品**などの混練プロセスの最終段階を示唆する兆候として，有効に活用されている．

ゲル化

混練により逆に流動性を失うことがある．これは，図 9.1 の点線で示すように，shear thickening により粘度上昇し，粘度が発散して**ゲル化**に至るためである．一般に，ゲルには**平衡論的なゲル**と**非平衡論的なゲル**があり[20]，平衡論的なゲルは流動により破壊されるが，非平衡論的なゲルは振動や流動によりゲル化する．**ケチャップ**は平衡論的なゲルであり，振るとゾルになり流動化する[20]．一方，**スターチ**など多くの**湿潤粉体**や**エマルション**などは，振るとゲルになる．

ゴム材料に CB を添加し混練をすると，CB 粒子の周辺にゲル化が起きる．ゴムの大変形は CB ゲル層の伸長変形[21]によるものとされている．食品分野でも，**かまぼこ**などの**練り製品**の多くはゲル体であり，**レオロジー解析**[22]が行われている．

乾燥クラック

乾燥プロセスにおける**クラック**は，乾燥速度を低下させる要因になっている．乾燥中のクラックとして，低温で起きる**粘弾性クラック**（viscoelastic crack）の発生は，混練による透水係数の増加により抑制される．一般に，粘弾性クラックは溶媒を抜けやすくするように発生する．よって，繊維などを混ぜるのは，構造欠陥を導入し，クラックを抑制する有効な方法である．

9.4 混練プロセスのスケールアップ

混練プロセスでは，解砕と混合（空間均一化）と塊状化（高密度化）が連続して起きる．このため，混練の目的，つまり混練効果により，適用すべきスケールアップ則は変化する．よって，目的に応じて律速段階を見極め，適応すべきスケールアップ則を決める．たとえば，**解砕速度の律速**は**せん断速度**であり，粘度が十分に高くない場合には，解砕が不十分な状態で混合され不均一になる．解砕の初期には，大きなせん断力により**体積解砕**を起こし，解砕が進むにつれ粘度が低下するため，せん断応力は低下する．よって，解砕律速の場合には，スケールアップ則① $u/L = $ const.（第 1 章）

が適用できる．次に，混合速度は拡散速度支配であり，拡散係数は乱流エネルギーに依存するため，スケールアップ則② $P_v =$ const. が適用できる．P_v のかわりに，**動力数** N_p を用いる場合[23]もある．さらに，塊状化律速の場合には，P_v 一定の条件で，滞留時間 τ を調整するため，スケールアップ則③ $\tau =$ const. を適用する．

以上のスケールアップ則に加えて，混練プロセスでは扱う材料の粘度が高く，**せん断発熱**がきわめて大きいため，**溶融温度** $T =$ const.[24]のスケールアップ則を適用する場合がある．とくに，ポリマーコンポジットは混練により溶融し，粘度が著しく低下する一方で，高温による材料劣化を避けるため，冷却が必要な場合もある．一般に，伝熱面積 S は体積 V の $V^{2/3}$ に比例するため，スケールアップにより放熱が減少して内部温度は高くなる．**押出機**の場合は，ジャケット冷却やシャフト冷却は可能[25]であるが，かなりのコストアップになる．よって，$T =$ const. に基づいて，スケールアップに限界を設ける場合がある．

混練操作の難しさの一つは，混練の終点予測である．わかりやすくいえば，品質は後工程の影響を受けるため，練り強度と練り時間による品質の変化を知ることが難しい．よって，混練プロセスの律速段階を明確にして，品質への影響を，ラボ実験においてあらかじめ定量化しておく必要がある．たとえば，品質の評価指標を，P_v (kW m^{-3})や P_m(kW kg^{-1})(質量基準の所要動力)と関連づけておく．**ニーダー**の場合[26]は，およそ $P_v = 1 \sim 10$ kW m^{-3} であり，**二軸混練機**[27]では $P_m = 1$ kW kg^{-1} 程度と大きな動力が必要とされる（単位の違いに注意）．一般的に，τ は10分程度である．

押出機のような**連続型混練操作**では，投入されたペレットはせん断発熱により溶融し，軸方向に粘度低下が起きるために，押出機の軸方向に**インターナル**を工夫する．**スクリュー**を工夫して，高せん断下で製造されている新規ナノコンポジット[28]もある．また，レオペクシーを有するスラリーを混練する場合には，トルク制御と押出機の長さの設計に留意が必要である．

演習問題

攪拌動力を計算する方法について考える．一般に，攪拌動力 P(W)は式(1)で与えられる．

$$P = Np \cdot \rho \cdot n^3 \cdot d^5 \tag{1}$$

ここで，Np は動力数(-)，ρ は密度(kg m^{-3})，n は回転数(rps)，d は翼幅(m)である．攪拌レイノルズ数 Re(-)は式(2)と定義され，式(1)は式(3)と変形できる．

108　第9章　混練プロセス

$$Re = \frac{\rho \cdot n \cdot d^2}{\mu} \quad (2)$$

$$P = Np \cdot Re \cdot \mu \cdot n^2 \cdot d^3 \quad (3)$$

ここで，粘度 μ(Pa s) はニュートン流体を前提とする．Np と Re の相関関係(図)がわかれば，式(3)から攪拌動力が計算できる．さて，動力数 Np は攪拌特性を示す無次元数であるが，この物理的意味を考えなさい．

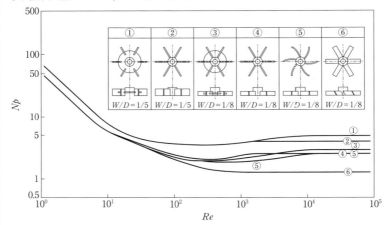

図　タービン翼の動力数と攪拌レイノルズ数の相関

層流域 ($Re < 10^2$) から遷移域 ($10^2 < Re < 10^3$) を経て乱流域 ($10^3 < Re$) へと動力数は変化する．タービン翼の面積と形状にも依存する．

[R.L. Bates, P.L. Fondy, R.R. Corpstein, *Ind. Eng. Chem. Process Des. Dev.*, **2**, 311 (1963)]

解　答

　動力数は流体運動によるエネルギー損失特性を表し，壁付近のせん断力による損失とバルクとしての乱流損失に分けられる．乱流域では壁付近の損失は無視できるようになるため Np は一定値となる．流体エネルギー損失は攪拌動力に等しい．円管内の摩擦係数 f とレイノルズ数の f-Re 相関関係と Np-Re 相関関係にはアナロジーが成り立ち，前者から後者を導出することも可能である[29]．

参考文献

1) 加藤　淳ら，日本ゴム協会誌，**78**，180 (2005)．
2) 仲濱秀斉，三島　孝，日本ゴム協会誌，**76**(5)，149 (2003)．
3) 藤本邦彦ら，日本ゴム協会誌，**58**(10)，658 (1985)．
4) E.J. Windhab, *Applied Rheology*, **May/June**, 134 (2000).
5) A.A. Zaman, C.S. Dutcher, *J. Am. Ceram. Soc.*, **89**, 422 (2006).
6) S.R. Raghavan, S.A. Khan, *J. Colloid Interface Sci.*, **185**, 57 (1997).

参考文献

7) 日本ゴム協会誌編集委員会, 日本ゴム協会誌, **73**(5), 240 (2000).
8) 占部誠亮, 日本ゴム協会誌, **54**(7), 437 (1981).
9) 後藤秀旦, 日本ゴム協会誌, **70**(11), 641 (1997).
10) 橋爪慎治, 日本レオロジー学会誌, **16**, 40 (1988).
11) 日本ゴム協会誌編集委員会, 日本ゴム協会誌, **82**(11), 483 (2009).
12) http://nanotech.t.u-tokyo.ac.jp/index_snap2014.html
13) 後藤 卓, 名和豊春, セメント・コンクリート論文集, **65**, 544 (2011).
14) 甘利武司, 日本印刷学会誌, **30**, 84 (1993).
15) 岸 清, 土木学会論文集, **402**, 53 (1989).
16) 寺下敬次郎, 宮南 啓, 粉体工学会誌, **38**, 401 (2001).
17) 今西秀明, 山口知宏, 福田徳生, 高分子論文集, **58**(3), 88 (2001).
18) 魚本健人, コンクリート工学, **20**(9), 99 (1982).
19) 黒田孝二, 化学工学, **80**(11), 741 (2016).
20) 山口由岐夫 監修, "ゲルっていいじゃない", テクノシステム (2016).
21) 深尾美英, 日本ゴム協会誌, **77**, 317 (2004).
22) 西成勝好, 日本レオロジー学会誌, **31**, 41 (2003).
23) 上ノ山 周, 色材協会誌, **77**, 517 (2004).
24) 仲谷誠巳, 矢野一憲, 成形加工, **11**, 910 (1999).
25) 東 孝祐ら, 日本ゴム協会誌, **88**, 118 (2015).
26) S. Watano, *et al.*, *Chem. Pharm. Bull.*, **53**, 18 (2005).
27) 宝谷 晋, 黒田好則, *KOBE STEEL ENGINEERING REPORTS*, **58**(2), 74 (2008).
28) 清水 博, Y. Li, 高分子論文集, **71**, 69 (2014).
29) 佐野雄二, 薄井洋基, 坂田英雄, 化学工学論文集, **16**, 317 (1990).

第10章 塗布プロセス

 塗布プロセスはさまざまな産業分野の"ものづくり"において広く用いられているが，大学で教わる機会は少なく，実践的な応用技術という位置づけである．しかし，製造業は多くの塗布関連技術者を抱え，生産技術の進化を求めている．しかも，塗布プロセスは分散・混練・調液・塗布・乾燥という一連の単位操作から構成されているため，さまざまな材料の知識，物性や熱力学の知識，さらに界面化学や流体力学の知識，分析・解析や評価の知識，そして化学工学のプロセス知識など，総合的な知識体系を必要とする．その結果，塗布プロセスは多くの専門家集団の協業に加えて，現場のオペレーションとの緊密な連携を必要とする．

 塗布操作は塗料を目的の膜厚に均一に塗布することからはじまったため，装置開発とともに流体力学的研究が先行し，複雑な材料物性に対応してレオロジー研究が続いた．そして，コンピューターの進歩とともにCFD (computational fluid dynamics)によるシミュレーションは塗布流動の可視化を可能にし，実験による検証を経て，塗布操作の流体力学的研究が発達した．また，塗布から乾燥に至るプロセスへの関心は，塗布欠陥や乾燥欠陥の対策と，塗膜の構造に依存した性能問題に集中している．つまり，塗布流動や乾燥における塗膜の構造形成の課題は，高付加価値製品の生産技術の高度化へと変貌している．

 塗布基材や**塗膜材料**の多様化に伴い，塗布プロセスにおける**分子配向**から**粒子配列**に至る**配向制御**や，乾燥に伴う**析出**や**偏析**などの構造制御への関心が高まっている．たとえば，**有機太陽電池**，**有機EL**，**フレキシブル・エレクトロニクス**のような**電子デバイス分野**，**リチウムイオン電池**のような**エネルギーデバイス分野**，さらに**医療材料**などの**医療分野**にも拡張されている．まさに，従来からの塗膜機能に加えて，**電子伝導性**，**熱伝導性**，**光透過性**，**物質透過性**，**撥水性**や**滑液性**などの**表面特性**，**粒子被覆**の**リリース特性**など多岐にわたる機能が求められている．さらに，膜厚も**超薄膜**(約10 nm)から厚膜(約100 μm)へと広範囲にわたり，基材の形態もフィルムから粒子や**多孔質材料**など多様化している．

 このように，製造業の塗布技術へのニーズは多様化し，塗布技術は着実に進歩して

いるにも関わらず，多くの課題を残している．その理由は，塗膜製品は長い一連のプロセスを経るため，品質問題の原因を究明することは難しく，対症療法にならざるを得ないことによる．また，アカデミアの塗布研究がニーズに追いつかないことも挙げられる．とくに，分散や混練プロセスは界面活性剤やバインダーなどの材料的制約と，装置的制約のため，アカデミアによる研究は限定的にならざるを得ない．

本章では各種塗布方式の特徴を塗布液粘度，塗布速度，塗布膜厚などを中心に説明する．塗布プロセスにおける無次元数はキャピラリー数 Ca であり，これを用いて塗布限界や塗布膜厚を予測できる．塗布限界は塗布欠陥を起こす限界であり，スケールアップのポイントとなる．さらに，レオロジー特性の複雑性に起因する品質問題にも留意する必要がある．

10.1 塗布方式

塗布操作は任意の基板上に任意の材料を薄膜化するプロセスである．とくに，塗布操作は溶媒を使用するために，**ウェットコーティング**ともいわれ，CVD，p-CVD，**スパッタリング**，蒸着などの**ドライコーティング**と区別される．塗布操作の要素技術は，**調液技術**，基板の表面処理技術，塗布液の塗布技術などから構成されている．調液技術は界面化学に，表面処理技術は物理化学に，塗布技術は流体力学に基づいている．

塗布操作のスケールアップは，空間的には web（基板）の幅を広げること，時間的には**塗布速度**を大きくすることである．web 幅の拡大は，機械的な制約と幅方向の均一性の確保のために限界がある．一方，塗布速度を大きくすると，**空気同伴**（air entrainment）や**リビング**（ribbing：縞模様）などの**塗布欠陥**を誘発するため，塗布速度には限界がある．これらの塗布欠陥に加えて，塗膜の表面性状，web との密着性，さらに塗膜の微細構造などにも問題が起きることがあり，スケールアップにおいては総合的な知識と個別の対応が求められる．

塗布方式[1]は塗布材料の液粘度，目標膜厚，塗布速度などに応じて多様化している（表 10.1，図 10.1）[2, 3]．塗布液量の計量は**前計量**と**後計量**に分類され，前計量はあらかじめ計量された液量を web に塗布し，後計量は塗布後に計量する．

塗布方式はそれぞれに**塗布限界**があり，塗布可能範囲は**塗布ウインドウ**（coating window）とよばれ，無次元膜厚 h/H（h はウェット膜厚，H はギャップ長）と無次元数の**キャピラリー数** Ca（$=\mu u/\sigma$，μ：粘度，u：塗布速度，σ：**表面張力**）の二次元平面で表現される（図 10.5）．塗布欠陥は表面張力など熱力学的な原因と，流体力学的な原因に分類される．Ca が大きいほど，リビングなどの流体力学的な欠陥を誘発する．

10.1 塗布方式

表 10.1 塗布方式と特徴

	塗布方式	粘度 / Pa s	ウェット膜厚 /μm	最大塗布速度 /m min^{-1}
後計量	グラビア	0.001〜5	1〜50	700
	フォワードロール	0.1〜10	10〜300	150
	リバースロール	0.01〜10	20〜200	300
	インクジェット	0.005〜0.1	1〜	—
前計量	スピン	0.005〜1	1〜10	10 000 rpm
	スロットダイ	0.005〜10	15〜250	400
	スライド	0.005〜0.5	15〜250	300
	カーテン	0.005〜0.5	2〜500	300

塗布液の粘度や膜厚，それに塗布速度などから塗布方式を選択する．塗布プロセスにおいては塗布液物性として，粘度と表面張力が重要である．

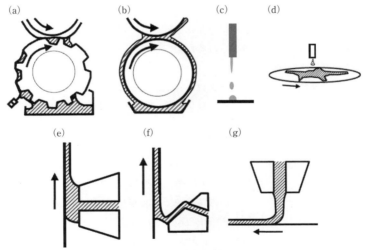

図 10.1 塗布方式図
(a)グラビア，(b)フォワードロール，(c)インクジェット，(d)スピン，(e)スロットダイ，(f)スライド，(g)カーテン．メニスカスを有する塗布方式には，表面張力起因の塗布欠陥が発現するため塗布限界がある．

[山村方人, 表面技術, **60**, 420 (2009)]

このように，粘性力は流体力学的な**不安定性**を起こす場合があり，注意しなければならない．

ディップ塗布

ディップ塗布は web を液に浸漬して，web の引き上げにより液膜を形成させる．直感的には，web を速く引き上げるほど膜厚が薄くなるように思えるが，実は逆で膜厚は厚くなる．**せん断力**$(\mu u/h)$と，**重力**$(\rho g h)$がつり合い，**ウェット膜厚** h は**引き上げ速度** u と重力定数 g，液粘度 μ および液密度 ρ から式(10.1)となる．

$$h = C(\mu u/\rho g)^{1/2} \tag{10.1}$$

ここで，定数 C はニュートン流体のときに約 0.8 となる．粘性力が小さい場合には，h は表面張力の影響を受け[4]，Ca の関数になる．

ロール塗布

ロール塗布は代表的な後計量であり，高速塗布も可能なので常用される．パン(塗布液溜)からロール上にもち上げられた塗布液は，上部のロールに張られた web 上で計量される．余剰な塗布液は下部ロールに分液されてパンに戻る．二つのロール間に形成された**メニスカス**により分液されるため，ウェット膜厚はコール周速度やロール間ギャップなどにより決まる[5]．

上部ロールを逆回転させる**リバースロール**は，**フォワードロール**よりも安定性が高く，高速塗布が可能である．

インクジェット塗布

インクジェット塗布は**デジタル塗布**であり，ニーズはますます増えている．たとえば，**有機 EL** は蒸着からインクジェット塗布に移行しつつある．インクジェットの基本は液滴の計量と乾燥であり，高度の位置決めと液滴サイズの制御が要求される．液滴の濡れ広がりに続く，乾燥による析出や粒子系の構造形成の理解は，**電子デバイス**の特性を決めるため重要な課題である．比較的大きな液滴(mm サイズ)からの乾燥と異なり，数十 μm 以下の液滴の乾燥[6]は，**表面張力**の影響が大きい．

スピン塗布

スピン塗布はラボ実験で常用される**枚葉型**であり，**遠心力**により塗布液を塗布する[7]．よって，ウェット膜厚 h は回転数 ω と $h \propto \omega^{-1/2}$ の関係があり，ω の増加とともに薄膜化し，乾燥膜として 10 nm の**超薄膜**も可能である．一方，ω の増加ととも

に，**乾燥速度** w は大きくなり，$w \propto \omega^{1/2}$ の関係がある．

スピン塗布の流動は一様な膜厚を初期値として，流体の保存式(10.2)と，回転による遠心力とせん断応力のつり合う式(10.3)から簡易に求めることができる．ここで，μ は粘度，ρ は密度である．

$$\frac{1}{r}\frac{\partial}{\partial r}(rv_r)+\frac{\partial v_z}{\partial z} = 0 \tag{10.2}$$

$$\mu\frac{\partial^2 v_r}{\partial z^2}+\rho\omega^2 r = 0 \tag{10.3}$$

これらの式を解析的に解くと，式(10.4)と式(10.5)を得る．

$$v_r = \frac{3}{2}Krz(2h-z) \tag{10.4}$$

$$v_z = -Kz^2(3h-z) \tag{10.5}$$

ここで，$K = \rho\omega^2/3\mu$ である．式(10.5)を z 方向で微分して，せん断速度式(10.6)を得る．

$$\frac{\partial}{\partial z}v_r = 3Kr(h-z) \tag{10.6}$$

さらに，ウェット膜厚 h は初期高さを h_0 として，式(10.7)で計算できる．

$$h = \{3\mu h_0^2/(3\mu+4\rho\omega^2 h_0^2 t)\}^{1/2} \tag{10.7}$$

スピン塗布の乾燥速度はきわめて大きく，析出における**過飽和度**は高くなり，析出物の粒子サイズは小さくなる．よって，塗膜の微細構造はほかの塗布方式と異なり，スケールアップには注意が必要である．

スロットダイ塗布

スロットダイ塗布(slot die coating)は広幅に対応でき，しかも**間欠塗布**も可能なので，**リチウムイオン電池**などに用いられる．スロットダイ塗布の流路は，図10.2に示すように，スリットとwebと自由表面から構成されている．スリット内の流れ(図10.2①)は，圧力駆動の**ポアズイユ流れ**(Poiseuille flow)であり，粘性力は流れの抵抗として作用する．スリットを出てギャップ内の流れ(図10.2②)は，基本的には**クエット流れ**(Couette flow)であるが，自由表面メニスカスの影響を受け，**viscocapillary flow** とよばれている．ビード下方(図10.2③)では，自由表面上の速度は均一な速度分布になる．

よって，最終的なウェット膜厚 h は式(10.8)となる．

$$h = Q/u \tag{10.8}$$

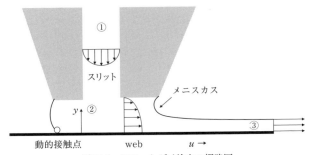

図 10.2 スロットダイ塗布の概略図

せん断速度はダイのスリット領域①で最大になり，粒子系塗布液では shear thinning や shear thickening の影響が現れるため，分散，凝集，配向に注意が必要である．領域②では粘性力にメニスカスにおけるキャピラリー力が加わり，粘性キャピラリー力になる．領域③ではせん断速度はゼロであり，乾燥による構造形成に至る．

ここで，Q は前計量された単位幅当たりの流量であり，web 速度 u の増加とともに，h は小さくなる．Ca の増加につれ，**動的接触点の不安定化**により，ビードが破壊されるため，塗布可能な最小膜厚に限界[8]が現れる（図 10.5）．

10.2 塗布流動

一般に，粘性力が大きいほど**レイノルズ数** Re は小さく，**乱流転移**を抑制する．塗布流動の多くは粘性力支配であり，自由表面を有することにより，キャピラリー数 Ca（= 粘性力／表面張力）がスケールアップの指標になる．粘性力駆動では粘性力につり合うように，圧力が発生し，この圧力に自由表面の表面張力がつり合う．圧力を媒介変数として，粘性力と表面張力の比が流れの特性を表しているため，Ca は塗布流動の重要な指標となる．

キャピラリー数

一般に，粘性力駆動のとき，粘性力につり合うように圧力が発生し，**メニスカス**の曲率が決まる．たとえば，図 10.1(b) のロール塗布の場合は，凹（負の形状）のメニスカスが発生し，メニスカス直下の液体は負圧であることがわかる．自由表面における圧力差 ΔP と表面張力 σ/R のつり合いから式 (10.9) となる．

$$\sigma/R = \Delta P = P_0 - P \tag{10.9}$$

ここで，R はメニスカスの曲率，P は塗布液側の圧力，P_0 は大気圧でありゼロと

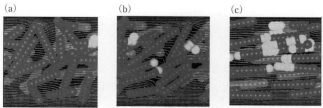

図 10.3 せん断による棒状粒子の配向ダイナミクス
SNAP によるシミュレーション結果．初期のランダム状態(a)から配向状態(c)に至る．棒状粒子は球状粒子の連結で表現され，白色は別の粒子と接している．せん断速度が大きくなると，粒子抵抗を下げるように配向が起きる．
[http://nanotech.t.u-tokyo.ac.jp/moive.html]

する．塗布液の圧力 P は，流体の運動方程式から，式(10.10)が得られる．

$$\mu \nabla^2 u = \nabla P \qquad (10.10)$$

ここで，∇ は微分演算子である．式(10.10)を積分すると $P \approx \mu \nabla u$ となり，式(10.9)より式(10.11)を得る．

$$\sigma/R \approx \mu \nabla u \qquad (10.11)$$

粘性力の**オーダリング**から，$\mu \Delta u / \Delta y = \mu u / H$ (y は web に垂直方向，H はギャップ長)となり，$H \approx R$ ゆえに，粘性力と表面張力の比として，無次元数であるキャピラリー数 $Ca = \mu u / \sigma$ が定義される．

せん断配向

塗布操作におけるせん断場は，**棒状粒子**(ファイバーなど)や**板状粒子**の配向を誘起する．図 10.3 に示すように，流れ方向に抵抗が少なくなるように配向する．つまり，(a)から(b)そして(c)へ，棒状粒子の配向とともに，流線の乱れは減少する．粒子ペクレ数 $Pe (= ud/D,\ u$：速度，d：粒子径，D：粒子拡散係数)が大きいほどせん断速度は大きく，棒状粒子は配向しやすい．たとえば，**塗布型磁気ディスクの磁性粒子**は，塗布操作において配向[9]する．

粘土鉱物のような板状粒子も，せん断場により配向し，**熱伝導度や電子伝導度**に異方性が発現する．しかし，粒子サイズが大きく濃度が高くなると，塗布による配向は限定的となる．また，**スピノーダル分解**などの相分離系は，string phase (紐状配列)[10]のような構造を形成する．

10.3 塗布欠陥

塗布欠陥[1]は塗布液由来と塗布流動，さらに乾燥における欠陥に分類できる．塗布欠陥は乾燥後に顕在化するので，原因を特定することは難しい．塗布流動による代表的な欠陥は，**表面欠陥**や**空気同伴**，それに**リビング**などが挙げられる．

表面欠陥

塗布操作には必ず自由表面が現れる．ゆず肌[11]などの"表面あれ"は流動や乾燥に伴う表面現象であり，**表面張力**が関係する．"表面あれ"を分類すると，①表面張力の異常，②乾燥気流による乱れ[12]，③相分離に起因する組成むら，などが挙げられる．①は**マラゴニー効果**（Maragony effect）としてよく知られているが，表面温度や表面組成に分布があるという前提である．この表面異常を誘発する原因として，②と③を考えて対策をとる必要がある．たとえば，微量の不純物の濃縮による**相分離**，**フィルミング**や**偏析**など，乾燥過程とともに"表面あれ"に至ることが多い．

粒子分散系の塗膜面に，筋状の色目の違いが発生することもある．粒子系薄膜の光の反射と吸収により色目が決まり，粒子径が小さいほど粒子表面の反射が大きく膜は黒くなる．一方で，表面があれると表面の乱反射により，平滑面と比較して黒くなる．また，薄膜の**干渉色**など色目の欠陥はさまざまであるが，その特徴から原因を探る必要がある．

空気同伴

webに塗布液が接触する点は，**動的接触点**といわれ，気液固の三相からなる特異点である．スロットダイ塗布では図10.2に示すように，動的接触点とメニスカスが現れる．塗布速度を大きくすると，動的接触点はweb運動による粘性力に引っ張られ，空気が塗布液とwebの間に侵入し，**エアエントレインメント**（空気同伴）[13]という塗布欠陥を引き起こす．

Caが大きくなるにつれ，この空気層の厚みは薄くなり，液振動により空気層が切れて空気同伴（気泡巻き込み）に至る．よって，動的接触線側の空気圧を下げる（減圧操作）などの対策により，高速化が図られている．

リビング

ロール塗布において，ロールの軸方向に**縞模様**（図10.4）が現れる[14]ことがあり，こ

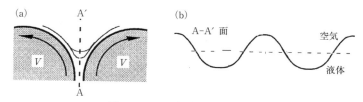

図10.4 ロール塗布のリビング現象
ロール回転数が増すと、凹形状のメニスカスはギャップ中心(下方)に進行して曲率変化により圧力差とつり合う。この限界を超すと二次元流は不安定化し、三次元流(軸流の発生)によるリビング現象が起き安定化する。

の現象を**リビング**という．リビング現象は塗布液の出口側にメニスカスを有する場合の塗布限界[15]を決める．Ca を大きくすると，出口側の負圧が大きくなり，凹形状のメニスカスがロール間の最小間隙に(図10.4 の A′ から A 方向に)近づく．メニスカス曲率は一定値に漸近しメニスカスにおける力のつり合いが崩れ，三次元流れ(図10.4(b))に転移して安定化する．この結果，web 幅方向に，塗布膜厚が規則的に変動し縞模様になる．

10.4 スケールアップ

塗布プロセスは塗布液を web 上で液薄膜に変換するシンプルな単位操作であるが，高速で web 幅方向に均一に薄膜化するのは容易ではない．製品特性に応じて，塗布液の調整から塗布装置の選定，さらに操作条件を決めるなど，製造コストと品質の最適化を行う必要がある．よって，塗布プロセスではさまざまな塗布欠陥を回避して，可能な限り高速化することがスケールアップの課題となる．

高速化の結果，Ca が大きくなると慣性力が無視できなくなり，Re を考慮しなければならなくなる．たとえば，**スロットダイ塗布の塗布限界**において(図10.5)，低キャピラリー数では viscocapillary flow が支配的であるが，高キャピラリー数では慣性力が支配し表面張力は重要でなくなる．その結果，**塗布可能範囲**が再び拡大する[16]．つまり，粘性力支配では発生する負圧につり合うようにメニスカスは変形し，ダイ内部に食い込んで不安定化に至り，塗布欠陥を誘発するため塗布限界が現れる．その結果，図10.5 の無次元膜厚 H/h は Ca が大きくなると小さくなる．つまり，膜厚に限界があり，これを**最小膜厚限界**という．一方で，高キャピラリー数では H/h は Ca の増加とともに再び増大する．この慣性力の効果を表すには，**ウェーバー数** We ($=CaRe$)を用いる必要がある．図10.2 ①，②の**ポアズイユ流れ**や**クエット流れ**で

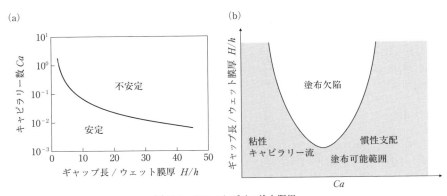

図 10.5 スロットダイの塗布限界

(b)は慣性支配領域を定性的に示しており，(a)の縦軸と横軸を交換してある．低キャピラリー数では粘性支配であり，メニスカスでのバランスを崩すため，限界膜厚が存在する．高キャピラリー数では慣性支配となり，メニスカスの影響は無視できるため，膜厚限界はなくなる．

[M.S. Carvalho, H.S. Kheshgi, *AIChE J.*, **46**, 1908（2000）]

は，慣性力は自動的にゼロになっており，Ca の増大に伴う慣性力の増大と矛盾しない．慣性力支配の流れでは，慣性力と粘性力がつり合う．

塗布方式に応じて，膜厚や塗布限界は Ca の関数で表されることをすでに述べた．ほかの単位操作と比較して，速度論的な要素は少なく，滞留時間はあまり問題にされない．しかし，材料の多様化に伴い，とくに粒子分散系において，粘度特性が shear thinning や shear thickening を示すことも多く，塗布可能領域が狭くなる[17]．また，スロットダイのリップにおけるせん断による配向も起こり，滞留時間の考慮も必要となる．とくに，導電性薄膜の塗布では配向は重要である．また，最近の **CFD** の発達[18]は目覚ましく，スケールアップにおけるダイ設計の有効な手段になっている．

演習問題 1

基板は PET フィルムを用い，roll to roll 方式のスロットダイコーター（図 10.2）を用いた導電性高分子の塗布を考える．塗布液として，PEDOT/PSS とエタノール-水の混合溶媒を用いる．まず，目的とする乾燥後の膜厚を 200 nm とする．塗布液のウェット膜厚 h を 15 μm とすれば，乾燥膜厚を 300 nm にするためには，塗布液の固体分体積濃度は 2% となる．PEDOT/PSS はエマルションになっており，溶液粘度 μ は 7 cP で表面張力 σ は 25 mN m^{-1} である．スロットダイコーターの諸元は次のとおりとする．スリットと基板の間隙 H：100 μm，

スリット間隙 $W: 100\,\mu\mathrm{m}$, スリットの長さ $L: 0.05\,\mathrm{m}$.
   (1) 塗布の限界速度 V を求めなさい．
   (2) スリットにおけるせん断速度の最大値を求めなさい．
   (3) スロットダイコーターのスリットにおける圧力損失 ΔP は $10\,\mathrm{kPa}$ であった．これより，粘度を推算しなさい．
   (4) 回転粘度計で測定した $7\,\mathrm{cP}$ と圧力損失から計算した粘度が異なる理由を述べなさい．
   (5) 配向の可能性について考察しなさい．

解　答

(1) 塗布限界速度は図10.5より Ca と H/h から求められる．
$$H/h = 200/15 = 13$$
これより，$Ca = 0.04$ が塗布限界となる．
$$\mu = 10\,\mathrm{cP} = 0.01\,\mathrm{Pa\,s}$$
$$\sigma = 0.025\,\mathrm{N\,m^{-1}}$$
$$V = \sigma Ca/\mu = 0.025 \times 0.04/0.01 = 0.1$$
つまり，$0.1\,\mathrm{m\,s^{-1}}$ が限界速度となる．

(2) スリットの流速 U は，$U = Vh/W = 0.015\,\mathrm{m\,s^{-1}}$ となる．スリット間隙 W から，せん断速度は，$U/W = 150\,\mathrm{s^{-1}}$ となる．

(3) 平板間を流れる流体の圧力損失は，$\Delta P/L = 8\mu V^*/W^2$ と表される．ここで，V^* は層流速度分布の最大値であり，$V^* = V_{\max} = 3/2\,V$ である．以上より計算すると，$\mu = 9\,\mathrm{cP}$ となる．

(4) 少し shear thickning が起きはじめている可能性がある（図9.2）．

(5) スリットにおけるせん断速度は $150\,\mathrm{s^{-1}}$ と大きいので，配向が起きている可能性もある．

演習問題 2

スピン塗布は枚葉型の塗布方式でありラボ実験で多用される．回転数 ω が $2000\,\mathrm{rpm}$ のときのウェット膜厚 h と，そのときの基板上のせん断速度を推算しなさい．初期液面高さ h_0 を $100\,\mu\mathrm{m}$ とし，スピン時間 t を1分とする．塗布液粘度 μ を $10\,\mathrm{cP}$, 密度 ρ を $1\,\mathrm{g\,cm^{-3}}$ とする．また，基板の半径 r を $0.03\,\mathrm{m}$ とする．

解　答

ウェット膜厚を式(10.7)から計算すると，
$$h = \left(\frac{3\mu h_0^2}{3\mu + 4\rho\omega^2 h_0^2 t}\right)^{1/2} = 7.5 \times 10^{-6}\,\mathrm{m} = 7.5\,\mu\mathrm{m}\ となる．$$
また，$K = \rho\omega^{2/3}\mu = 3.7 \times 10^8$

せん断速度は式(10.6)から，$z = 0$（基板上）において，
$$\frac{\partial}{\partial z}v_r = 3Kr(h-z) = 3 \times 3.7 \times 10^8 \times 0.03\,(7.5 \times 10^{-6}) = 26\,\mathrm{s^{-1}}$$

> スロットダイコーターに比べせん断速度は小さいが，粒子配向には十分大きい．

参考文献

1) 山口由岐夫 監修，"分散・塗布・乾燥の基礎と応用"，テクノシステム（2014），p. 137.
2) 山口由岐夫 監修，"分散・塗布・乾燥の基礎と応用"，テクノシステム（2014），p. 112.
3) 山村方人，表面技術，**60**, 420（2009）．
4) C.J. Brinker, et al., *Thin Solid Films*, **201**, 97（1991）．
5) 金井 洋，長瀬孫則，色材協会誌，**73**, 458（2000）．
6) 森井克行，下田達也，表面科学，**24**, 90（2003）．
7) D.E. Bomside, et al., *J. Appl. Phys.*, **66**, 5185（1989）．
8) S. Marcio, et al., *AIChE J.*, **46**, 1907（2000）．
9) 柴田徳夫ら，*Fujifilm Research & Development*, **48**, 76（2003）．
10) A.J. Wagner, J.M. Yeoman, *Phys. Rev. E*, **59**, 4366（1999）．
11) 金井 洋，表面技術，**54**, 338（2003）．
12) M. Yamamura, et al., *AIChE J.*, **55**, 1678（2009）．
13) E.B. Gutoff, C.E. Kendrick, *AIChE J.*, **28**, 459（1982）．
14) M.S. Carvalho, L.E. Scriven, *J. Fluid Mech.*, **339**, 143（1997）．
15) 佐々木成人ら，鉄と鋼，**100**, 992（2014）．
16) M.S. Carvalho, H.S. Kheshgi, *AIChE J.*, **46**, 1907（2000）．
17) S. Khandavalli, J.P. Rothstein, *AIChE J.*, **62**, 4536（2016）．
18) 安原 賢，紙パ技協誌，**71**, 786（2017）．

第11章 乾燥プロセス

　乾燥プロセスは製品の最終品質を決めるため，きわめて重要なプロセスである．木材のような構造材料，**コンクリートや土壁**などの**建築材料**，電池などの**エネルギーデバイス材料**，透明導電膜などの**電子デバイス材料**，ゼオライトやセラミックスなどの**環境材料**，**医療材料**[1]など，多くの工業製品に乾燥プロセスは必須である．

　乾燥の目的は溶媒の除去に加えて，材料の**微細構造**を制御し性能向上を図ることである．また，**収縮**，**表面あれ**，**フィルミング**，**クラック**など乾燥に伴う欠陥は，材料の性質や乾燥条件に依存するため，乾燥プロセスの重要な課題になっている．これまで，**多孔質媒体**中の熱と物質の同時移動は，乾燥の単位操作として確立されおり，**噴霧乾燥**や**流動層乾燥**などにも展開されている．これまでのアカデミアにおける乾燥研究は乾燥特性を中心に進められ，乾燥膜の特性に関する研究はこれからの課題である．とくに，コロイドや湿潤粉体のニーズは大きく，乾燥による構造形成と膜特性の関係の体系化が望まれている．

　最近では，**微粒子の配列**，**パターン化**，**ネットワーク化**などの方法として，乾燥プロセスは注目を集めている．たとえば，**量子ドット型の発光デバイス**[2]，**塗布型透明導電膜**[3]といった多くの機能材料やデバイスなどが挙げられる．ナノ粒子の塗布膜や**湿潤粉体**などの望ましい構造は，乾燥により作製される．分散・混練・塗布により形成された構造は，乾燥により固定化されるため，乾燥はもっとも重要なプロセスである．分散から乾燥に至る単位操作は，非平衡からの構造形成の視点から，再構築されることが望ましい．

　本章は塗布膜の乾燥における構造形成から乾燥欠陥までを説明する．乾燥プロセスは製品の最終プロセスであり，さまざまな問題が多発しスケールアップにおいて多くの課題を残している．乾燥プロセスの課題の多くは，実は，乾燥前の分散から塗布に至るプロセスの課題にあることも多く，分散や混練から乾燥に至る一連のプロセス全体を一体化して考えることも必要である．

11.1 乾燥特性と律速過程

さまざまな塗布膜(表11.1)は乾燥により構造が決まる．塗布液の性状は均一溶液，粒子，エマルション，湿潤粉体，ゾル-ゲルと多様であり，材料も機能もさまざまである．乾燥膜厚は10 nmから100 μm以上と広範囲で，材料構造は相分離から多結晶までさまざまな形態をとる．よって，乾燥による構造形成を**非平衡相変化**(第2章)の視点から体系的に理解することが望ましい．乾燥プロセスの構造形成は，**乾燥ペクレ数** $Pe(=uh/D$, u：乾燥速度，h：溶液膜厚，D：溶媒拡散係数)により支配される．粒子膜の乾燥では，乾燥ペクレ数のかわりに，**粒子ペクレ数** $Pe_p(=ud/D_p$, d：粒子径，D_p：粒子拡散係数)を用いる．**乾燥特性**は材料の重量変化を時間微分することによって得られ，この乾燥特性(図11.1)の**減率乾燥期間**は**濃縮層成長**と**乾燥層成長**に分けられる(第3章)．この領域の粒子構造を図11.2に示す．

① **恒率乾燥**(ゾーンA)：気相への物質移動が律速であり，乾燥速度は一定になる．溶媒蒸発に伴い，溶液中の分子濃度や粒子濃度は均一に増加する．大小粒子の混合系では，自由表面近傍に小粒子の**偏析**(segregation)[4]が起きることがあり，**スキン層**(表層に存在する硬い層)形成の原因となる．

② **濃縮層成長**(ゾーンB)：粒子濃縮層[5]の成長がはじまり，溶媒の濃縮層内の拡散律速により，乾燥速度の低下がはじまる．ここで，点①は乾燥による粒子の自由表面への移流フラックスと，粒子拡散による溶液内部への拡散フラックスが等しくなり，濃縮層が発生する臨界点である．つまり，**粒子ペクレ数** Pe_p が

表11.1 塗布膜の乾燥による構造

機能の例	塗布液状態	材　料	乾燥膜厚 / nm	構　造
発光デバイス	溶液	有機分子	10～	核もしくは双連続
透明電極	粒子分散	ITO+バインダー	1000～	網目
キャパシタ	粒子分散	活性炭粒子	100～	高密度積層
粘着剤	エマルション	粘着性高分子	20 μm～	転相
電池電極	湿潤粉体	活物質+CB	100 μm～	ランダム
強誘電体	ゾル-ゲル	金属酸化物	100～	多結晶

材料の機能はさまざまな物質とその構造により決まる．乾燥により制御できる構造の限界を知る必要がある．

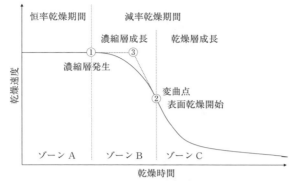

図 11.1 乾燥特性における特異点と変曲点

濃縮層の発生に伴い減率乾燥期間に入る．濃縮層がない場合には①と②が合一した③となる．②の変曲点からキャピラリー圧力の発生（負圧）により，吸水力の増加による乾燥速度の増大が起こる．
[http://nanotech.t.u-tokyo.ac.jp/index_snap2014.html]

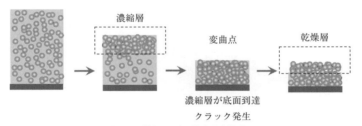

図 11.2 乾燥過程の構造形成模式図

変曲点で濃縮層は底面に到達し，粒子群は底面で拘束される．その結果，表面乾燥に伴い縦キャピラリー力による圧縮応力を受けて，表面あれやクラックの原因となる．

$Pe_p = 1$ となる付近で起きる．溶媒蒸発による粒子濃度の濃縮により，D_p は低下し，Pe_p は増加する．この結果，$Pe_p > 1$ となると，自由表面に粒子が蓄積し，濃縮層が形成される．大小粒子混合系では，小粒子の**偏析**はゾーン A においてすでに起きており，**スキン層**へと成長する．

③ **乾燥層成長**（ゾーン C）：濃縮層からの蒸発が進み，濃縮層表面から乾燥がはじまる．その結果，粒子間に形成されるマイクロメニスカスの凹形状により，メニスカス直下の静圧が低下し，**キャピラリー（毛管）流**が発生する．このキャピラリー流は乾燥速度を増加させ，**変曲点**②が出現する．別の見方をすると，基板が存在する場合には，変曲点②は濃縮層が基板まで到達した時点に対応する．

噴霧乾燥のように基板がない場合には，変曲点②は液滴内部が空洞になるか，もしくは自由水がなくなる時点に対応する．そして，粒子間溶媒のキャピラリー流により，乾燥界面は粒子膜中に進行し，基板まで到達して乾燥は終了する．

木材の乾燥のように，乾燥による材料の構造変化が少ない場合には，臨界点①と変曲点②が合一して特異点③となり，乾燥速度は指数関数的に低下する．しかし，コロイド系などの乾燥特性は，材料構造変化を伴い，特異点③は臨界点①と変曲点②に分解する．臨界点から濃縮層やスキン層の成長が起き，変曲点から**クラック**や**表面あれ**が出現するため，臨界点や変曲点は乾燥プロセスのもっとも重要な制御ポイントになる．とくに，変曲点以降では**キャピラリー力**の発生により，粒子群は強い圧縮応力（縦キャピラリー力）を受け，クラックや表面あれが引き起こされる．

11.2 乾燥特性の予測

濃厚粒子系を対象とし，溶媒は水とする．低ペクレ数領域（$Pe < Pe_c$）では拡散支配であるため，**拡散モデル**が適用される．一方，高ペクレ数領域（$Pe > Pe_c$）では，濃縮層が発生するため，**直列抵抗モデル**（図11.3(a)）を用いて，**乾燥速度**の予測を試みる．

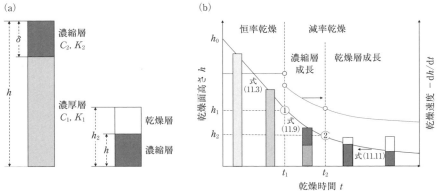

図 11.3 乾燥速度の予測

濃厚層の高濃度化につれ，点①から濃縮層が現れ，点②から乾燥層が現れる．点②では濃縮層が基板に到達するため，膜応力が飛躍的に増加する．

恒率乾燥

乾燥速度を u とすると，気相への蒸発律速から式(11.1)となる．

$$u = k(P^*(T) - P_0) \tag{11.1}$$

ここで，k は**境膜物質移動係数**，$P^*(T)$ は溶媒表面の**平衡蒸気圧**，P_0 は雰囲気中の溶媒分圧である．乾燥速度 u と液層高さ h は式(11.2)の関係がある．

$$u = -\frac{dh}{dt} \tag{11.2}$$

よって，h は式(11.3)となる．h_0 は初期高さである．

$$h = h_0 - k(P^*(T) - P_0)t \tag{11.3}$$

濃縮層成長

濃縮層内の流束(透過流速)は**透過流速** $u(\text{m s}^{-1})$ とキャピラリー圧力 $\Delta P(=\sigma/R$，R：粒子半径，σ：表面張力)の間に式(11.4)が成立する．

$$u = K\Delta P/h \tag{11.4}$$

ここで，K は**透過係数**$(\text{m}^2 \text{Pa}^{-1} \text{s}^{-1})$である．また，粒子の保存則から式(11.5)が成り立つ．**濃縮層**の厚みを δ とする．

$$C_1 h_1 = C_2 \delta + C_1(h - \delta) \tag{11.5}$$

C_1 と h_1 は濃縮層が発生するときの粒子濃度と液層高さ，C_2 は濃厚層の濃度である．$h = h_1$ のときの表面含水率を**限界含水率**[4)]という．液膜の総括抵抗は h/K であり，濃縮層抵抗と濃厚層抵抗の和(直列抵抗モデル)となり，式(11.6)が成立する．

$$\frac{h}{K} = \frac{\delta}{K_2} + \frac{h-\delta}{K_1} \tag{11.6}$$

ここで，K_1 と K_2 はそれぞれ濃厚層と濃縮層の透過係数である．以上の式(11.2)，式(11.4)，式(11.6)から式(11.7)を得る．

$$\frac{dh}{dt} = -\frac{K_1 \Delta P}{\left(\dfrac{K_1 \delta}{K_2}\right) + h - \delta} \tag{11.7}$$

式(11.5)を用いて式(11.7)から δ を消去して式(11.8)となる．

$$\frac{dh}{dt} = -\frac{\alpha}{Ah + Bh_1} \tag{11.8}$$

ここで，$\alpha \equiv K_1 \Delta P$，$A \equiv (C_2 - C_1 K_1/K_2)/(C_2 - C_1)$，$B \equiv 1 - A$ である．式(11.8)を解いて式(11.9)を得る．h_1 のときの t を t_1 とすると，

$$\frac{1}{2}A(h_2-h_1^2)+(1-A)h_1(h-h_1) = -\alpha(t-t_1) \qquad (11.9)$$

$K_2C_2-K_1C_1 = 0$ のとき，$A = 0$ となり，h は一次関数で点①と点②を結ぶ直線になる．A の正負 ($K_2C_2-K_1C_1$ の正負) は濃縮層構造により決まる．

乾燥層成長

濃縮層が基板に到達するときの液相高さを h_2 とし，乾燥面高さを h とすると，式 (11.10) が成立する．

$$\frac{dh}{dt} = -\frac{\beta h}{h_2^2} \qquad (11.10)$$

ここで，$\beta \equiv K_2\Delta P = \alpha K_2/K_1$ である．乾燥面は濃縮粒子層の内部に進行し，$h/h_2 < 1$ であるため，h の低下につれ抵抗が減少する．$h = h_2$ のときの表面含水率を**平衡含水率**という．

式 (11.10) を時間積分すると，式 (11.11) を得る．h_2 のときの t を t_2 とする．

$$\ln(h/h_2) = -(\beta/h_2^2)(t-t_2) \qquad (11.11)$$

点②では $h = h_2 = \delta$ であり，式 (11.8) と式 (11.10) が等しく，微分連続であることが確認できる．低ペクレ数領域では濃縮層は発生しないので，限界含水率と平衡含水率は等しくなり[5]，点①と点②は合一する．乾燥による h の時間変化，式 (11.3)，式 (11.9)，式 (11.11) をまとめて，$A < 0$ の場合を図 11.3(b) に示す．同様に，乾燥速度 dh/dt の時間変化を点線で示す．点①では，dh/dt は不連続になっている．これは，濃縮層の生成初期 (自由表面の被覆率の増加) を無視していることによる．現実は，点①では微分連続になり，式 (11.10) に接続され，点②は変曲点となる場合が多い．点①と点②を結ぶ曲線は単調減少であるが，濃縮層の構造，つまり A の正負に依存して変化する．

乾燥速度を決めるパラメーターは，透過係数と**キャピラリー圧力**である．透過係数は粘度と濃縮層構造に，キャピラリー圧力は**表面張力**と粒子径に依存する (図 11.4)．透過係数は**空隙率**に依存し，分散系の粒子体積分率はおよそ 50% 以上から，**ランダム充塡**の 64%，**最密充塡**の 74%，さらに粒度分布がある場合は 80% 近くまで幅広く変化する．一方で，ゲルの体積分率は，0.1～10% 程度まで大きく変化し，空隙率は大きい．

濃縮層の空隙率の予測は難しく，膜分離における濃縮層 (**ケーキ層**) や沈降における濃縮層などに共通する課題である．濃縮層の空隙率を仮定すると，**Kozeny-Carman 式**を用いて透過係数を予測できる．**粒子シミュレーター** SNAP[6] はゼータ電位などの粒子物性に基づいて，濃縮層の構造を決めることができる．

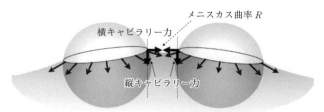

図 11.4 粒子に作用するキャピラリー力
濡れない粒子では，縦キャピラリー力は上方に作用し粒子は液に浮く．粒子数密度が増すにつれキャピラリー力の総和は大きくなり，図 11.1 の変曲点②で最大に到達し，表面あれの原因になる．

ゲルの乾燥速度

　一般に，ゲル中の水が乾燥するにつれ，**ゲルは収縮し表面層から硬くなる**．しかも，乾燥クラックが入ることも多く，乾燥速度に上限がある．基本的な乾燥特性は図 11.1 と同じである[7]．ゲル乾燥においては，粒子ペクレ数ではなく，水の拡散係数 D を用いた溶媒ペクレ数 $Pe(=uh/D,\ h：ゲル高さ)$ を用いる．この Pe が小さい場合には，拡散モデルによる解析が好ましく，Pe が大きく**収縮層**が存在する場合には，直列抵抗モデルが使える．ゲルの収縮層は蒸発に伴う収縮によるもので，粒子系の濃縮層に相当する．水が抜けるにつれ空隙が増加し，**透明ゲルは光散乱**のために**不透明ゲル**[8]になる．

11.3　噴霧乾燥

　噴霧乾燥は溶液から乾燥粒子を製造する方法であり，食品分野や機能材料分野などで多用されている．**スプレーノズル**から噴霧された液は，表面張力による不安定性により微粒化されて，およそ 100 μm 径以上の**液滴**となる．この液滴の急速乾燥により，乾燥粒子が得られる．乾燥粒子の強度と**空隙率**は，トレードオフの関係にあるために，用途に応じて乾燥プロセスの最適化を図る必要がある．たとえば，**触媒担持体**や吸収材，さらに電池の**電極材料**などは，大きな**細孔内拡散速度**を必要とするため，空隙率を維持しつつ，強度を確保する必要がある．噴霧乾燥において空隙率を予測することが望まれる．しかし，現実は，実液のスプレー乾燥実験をベースに，実験を繰り返すことになる．溶液の物性（粒子系分布や**ゼータ電位**など）やプロセス条件（乾燥速度）と，空隙率や強度を関係づける必要がある．

噴霧乾燥により生成した乾燥粒子の内部は**凝集性微粒子**から構成されている．よって，この凝集力の制御により空隙率と強度は決まる．たとえば，粉砕しやすいような乾燥粒子を得たい場合には，DLA(diffusion limited aggregation)構造が好ましく，ゼータ電位を低くして凝集性を増す工夫が必要である．一方，空隙率を高く強度も必要な場合には，適切な**バインダー**の選択と添加量を調整する．つまり，DLA 構造でありながら粒子間の接合強度を上げることである．ゼータ電位を大きくした RLA (reaction limited aggregation)構造の場合には，空隙率は小さく強度も大きくなる．

11.4 乾燥欠陥

クラックは一般に，応力型，エネルギー型，歪み型の3種類に分類される．材料のスケールを大きくすると，応力の増加により，クラックが入りやすくなる．よって，成型体の乾燥や焼成は，大きな成型体ほど難しく，昇温速度などに注意が必要になる．焼成温度を高くするほど，**熱応力**が増加するため，高温クラックが問題になる．一方で，低温クラックにも注意が必要である．図11.1の変曲点②から，低温クラックが入ることがあり，**粘弾性クラック**(viscoelastic crack)[6]とよばれる．この粘弾性クラックは，液性に起因するキャピラリー力が，粒子の固体的構造体の強度に勝るときに起きる．

乾燥プロセスのスケールアップは，材料とプロセスのカップリングが強いため，欠陥発生など品質劣化の問題を顕在化させる．乾燥炉の長さや温風の流し方などに加えて，装置形状の工夫も重要である．それ以上に重要なのは，乾燥速度や材料特性と欠陥の関係を把握することである．

11.5 乾燥シミュレーション

濃厚コロイド膜(ペースト状態)や，成型体の乾燥シミュレーションは，**拡散方程式**を移動境界条件のもとで解く．濃縮層形成過程の拡散係数は，すでに説明したように，$Pe_p = 1$から推定できる．もっとも容易な方法は，調整パラメーターとしての拡散係数を，乾燥特性に合うように決めることである．

このほかに，有効なアプローチとして，近年，個別要素法(DEM：discrete element method)[7]や**流体粒子ダイナミクス法**[8,9]など，粒子運動に着目した数値シミュレーション法がある．これら**粒子シミュレーション法**は，**粒子間ポテンシャル**を考慮するため，多様な材料に対応できる．以上に述べたように，マクロな拡散方程式による解析と，ミクロな粒子シミュレーション法を用いた，**マルチスケール**な解析が望ましい．

11.6 乾燥による構造形成

コロイド溶液の乾燥[9]において，キャピラリー力は乾燥膜の構造形成に決定的な影響を与える．溶媒に濡れる粒子は，粒子を下向きに押しつける**縦キャピラリー力**と，粒子同士を引きつける**横キャピラリー力**に分解(図11.4)できる．横キャピラリー力は粒子間引力として作用し，表面粒子の表面の一部が乾燥すると，自由表面の粒子凝集を促進する．一方，縦キャピラリー力は変曲点②(図11.1)に到達後，粒子の圧縮力として作用し，表面あれやクラックなどの乾燥欠陥を誘発する．よって，スケールアップにおいては，変曲点②を把握しておく必要がある．

流体力による**非平衡構造**形成(第5章)に加えて，乾燥プロセスはキャピラリー力を外力とした非平衡構造[9]を形成する．

粒子液膜乾燥

縦キャピラリー力は粒子を下方に押しつけ，横キャピラリー力は粒子間引力として作用するため，乾燥終期において粒子凝集膜が形成される．規則的配列を望む場合には，粒子間力を**斥力系**(図11.5)にする．乾燥末期では横キャピラリー力により急速に

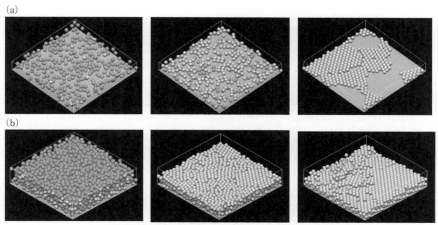

図11.5 粒子液膜乾燥のSNAPシミュレーション結果
(a)単層以下，(b)多層膜．粒子は反発系．反発系の粒子被覆率は高く最密充填構造をとりやすく，良好な粒子配列膜を得るのに適している．多層膜になると縦キャピラリー力の影響で最表面層の配列は乱れるが，良好な積層粒子配列膜を得られる．

[http://nanotech.t.u-tokyo.ac.jp/index_snap2014.html]

凝集する．たとえば，粒子被覆率の低いケース(図 11.5(a))では，**最密充填**構造のドメインが形成され，乾燥速度が大きいほどこのドメインは細分化[10]する．つまり，粒子系の**二次元核発生**と考えられる．一方，数層のケース(図 11.5(b))は，最表面層に乱れが見られるが，最密充填構造になる．

フィルミング

フィルミングは乾燥によりバインダーなどの高分子成分が自由表面に形成した硬い皮膜である．この現象は溶質成分の相分離と説明できる．たとえば，**湯葉**は乾燥における**大豆タンパク質**や**脂質**の析出であり，フィルミング皮膜である．しかも，皮膜表面は緻密で，溶液側は疎な傾斜構造になっている．このように，緻密で硬い皮膜は溶媒の拡散係数を著しく低下させ，フィルミング被膜の下方は液性を保持している．**バインダー偏析**によるフィルミング被膜の解析方法として，**相関モデル**[11]が提案されている．

大小粒子偏析

粒子径に分布があると，濃縮層の成長とともに，粒子サイズの偏析(図 11.6(b))[12]が起きることがある．一般に，粒子径が大きいほど**自己拡散係数**は小さく，粒子径の大きいほうが表面に偏析しやすい．しかし，小粒子の体積分率が大きくなると，自己拡散係数は著しく低下し，図 11.6 のように小粒子が偏析する臨界ペクレ数 Pe_c が存

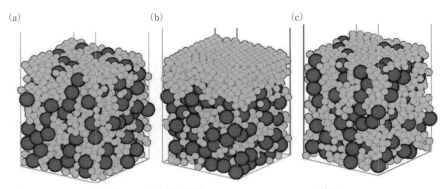

図 11.6 大小粒子偏析の SNAP シミュレーション結果

大粒子径/小粒子径 = 2，体積分率 ϕ = 0.5，(a) Pe = 0.3，(b) Pe = 5，(c) Pe = 100．小粒子の偏析が最大になる粒子ペクレ数が存在する．小粒子のほうが拡散係数は大きいが，大粒子による相互拡散係数の低下により小粒子が自由表面近くに偏析する．ポリマーなどのバインダーも表面に偏析しやすく，さまざまな問題を引き起こす．

[R. Tatsumi, *et al.*, *Appl. Phys. Lett.*, **112**, 053702 (2018)]

在する．つまり，Pe が小さいと($Pe < Pe_c$)偏析は起きない(図 11.6(a))．また，Pe が大きいと($Pe > Pe_c$)，大小粒子の拡散係数の差が無視でき，偏析は起きない(図 11.6(c))．粒子の相互作用としての**相互拡散係数**の影響については，さらに詳細な検討が必要である．小粒子の偏析による品質問題を回避するには，小粒子の体積分率を下げるか，Pe を適正化することなどが考えられる．

表面あれとクラック

キャピラリー力は表面あれやクラックなどの欠陥を誘発する．乾燥領域の収縮力と，乾燥面の縦キャピラリー力の作用により発生するクラックは，**粘弾性クラック**(viscoelastic crack)である．一般の材料クラックとは異なり，キャピラリー力は液性に起因している．クラックが入ると，クラック部分の蒸発速度は大きく，全体として乾燥速度が向上する．つまり，乾燥速度を大きくするようにクラックが入ると考えられる．よって，乾燥速度を大きくすることは，クラック対策に有効である．具体的には，表面張力を下げる，粘度を下げる，ファイバーを添加する，粒子を凝集させるなどが考えられる．

乾燥クラックは最初に穴があき，続いて穴を結ぶように線状クラックが入る．この穴あきは**核発生**に類似[13]している．Pe の増加につれ，穴の密度は増加し，線状クラックも増える．また，乾燥前の振動操作などにより，クラックのパターンが変化するという**メモリー効果**[14]の報告もある．このように，乾燥におけるクラック形成は非平衡構造の面白い研究テーマである．

粒子配列構造

断熱材や**触媒担体**などのように，空隙率が高く，強度の大きな顆粒はニーズが多い．空隙率と強度はトレードオフの関係にあり両立は難しい．粒子間の結合力を大きく，粒子ネットワークを発達させる方法として，**ナノフィラー**を使うことは有効である[15]．たとえば，DLA 的なナノフィラーにバインダーを適量添加し，空隙率 90% 程度の構造体を作製できる．この場合，乾燥によるバインダーのフィルミングを起こさないように，Pe の適正化が重要になる．

11.7　乾燥プロセスのスケールアップ

塗布膜やコロイド溶液のような材料の乾燥プロセスは重要性を増している．乾燥に伴い構造形成が起きる材料は，乾燥速度と構造に再帰的な関係があり，少なくとも乾

燥速度を実測する必要がある．また，透水係数の測定，**X 線 CT** による三次元解析[16]，**cryo-SEM** による観察[17]，**粒子シミュレーション**なども有効である．

スケールアップの課題は，できる限り乾燥炉を短く，乾燥時間を短くすることである．そのために，乾燥速度を大きくする方法を考える．
① 恒率乾燥期間：乾燥温度の増加．雰囲気圧力の低下．風量の増加．
② 減率乾燥期間：粘度低下．表面張力低下．ナノファイバー添加．混練強化．
   フィルミング防止．ゲル化防止．

乾燥温度や風量の増加は，表面あれや融着などの乾燥欠陥を起こすため，注意が必要である．とくに，減率乾燥期間では材料温度の上昇が起きることと，材料内部の溶媒移動律速のため，温度や風量の効果は薄く，逆効果になりやすいため，Pe の適正化[18]が必要である．さらに，図 11.1 の変曲点②以降は，湿潤空気を用いるような，緩やかな乾燥条件にすることが好ましい．つまり，乾燥操作により乾燥速度を大きくできるのは①であり，②ではむしろ気相側の乾燥条件を緩やかにする．

濃縮層のフィルミングやゲル化は，乾燥速度を著しく低下させるため，できるだけ回避する．乾燥過程におけるフィルミングやゲル化の予測は難しいが，次のような検討が有効なことがある．
① コロイド溶液の粘度測定によるゲル化限界濃度予測．
② 溶媒温度に対する**曇点変化**や，溶解度測定による相分離予測．
③ **溶解度パラメーター**の推算．

溶解度パラメーターが近いほど溶解度は大きく，ゲル化しやすい（第 2 章）．逆に，溶解度パラメーターが離れているほど，溶質の析出や凝集が起きやすい．さらに，溶液段階からゲル化を避ける成分調整や濃度調整が必要になる．このように，乾燥速度を決める要因や欠陥の原因のメカニズムを明らかにしつつ，対策を講じる必要がある．

演習問題

コロイド溶液の薄膜乾燥を考える．コロイド溶液中のナノ粒子の体積濃度 C は 2%，粒子径 d は 10 nm であり，溶液粘度 μ は 10 Pa s とする．ウェット膜厚 h を 20 μm とすると乾燥膜厚は 400 nm になる．乾燥はクリーンルーム内で自然乾燥する．クリーンルーム内の温度は 25℃，湿度は 40%，風速 U は 1 m s^{-1}，基板長さ L を 0.1 m，空気のシュミット数 S_c を 1.0 とする．
(1) 恒率乾燥速度を推算しなさい．
(2) 概略の乾燥時間 t を求めなさい．

(3) 減率乾燥期間に入ると，乾燥速度が急激に遅くなる．この理由を述べなさい．
(4) 減率乾燥速度に変曲点が現れる．この変曲点で乾燥速度の減速が遅くなる理由を述べなさい．

解　答

(1) まず，コロイド溶液表面近傍の境膜厚みを推算する．平板上の境膜厚み δ を推算する．
$$Sh = L/\delta = 0.664 Sc^{1/3} Re^{1/2}$$
ここで，L は基板長さである．レイノルズ数 Re は $Re = UL/\nu$ と定義され，動粘度 ν は空気の 1.5×10^{-3} m^2 s^{-1} を用いて，$Re = 7 \times 10^2$ となる．よって，$Sh = 176$ を得て，$\delta = L/Sh = 5.7$ mm となる．25 ℃ の水の平衡蒸気圧は，$C^* = 23$ g m^{-3} である．クリーンルームの湿度は 40% なので，$C = 0.4 C^*$ となる．空気中の水蒸気の拡散係数 D は 3×10^{-5} m^2 s^{-1} を用いて，乾燥速度 u を計算する．
$$u = (D/\delta)(C^* - C) = (3 \times 10^{-5}/5.7 \times 10^{-3}) \times 23 \times 0.6$$
$$= 0.073 \text{ g m}^{-2} \text{ s}^{-1}$$
ここで，水の密度を用いて変換すると，0.073 μm s^{-1} となる．

(2) (1) より，20 μm 乾燥するのに 5 分ほどかかる．

(3) 減率乾燥では気相拡散律速から液相拡散律速に切りかわる．そして，濃縮層の成長につれ，溶媒拡散の抵抗が増して，乾燥速度は低下する．

(4) 減率乾燥期間において，濃縮層が基板に到達すると，自由表面近傍の粒子の乾燥がはじまり，粒子間にメニスカスが現れる．このメニスカス直下は負圧となり，下部より溶媒を吸い上げる駆動力となる．この新たな駆動力により乾燥速度の低下は緩やかになり，結果として変曲点になる．さらに乾燥が進むと，乾燥面は濃縮層に侵入し，乾燥層が現れる．乾燥面の粒子にはメニスカスの縦キャピラリー力は重力方向に作用し，濃縮層を圧縮する．

参考文献

1) J. Gursch, *et al.*, *Org. Process Res. Dev.*, **19**, 2055 (2015).
2) 藤掛英夫ら，映像情報メディア学会誌，**69**, 234 (2015).
3) 中許昌美，表面技術，**60**, 631 (2009).
4) 倉前正志ら，粉体工学研究会誌，**13**, 328 (1976).
5) 宍戸郁郎ら，化学工学論文集，**4**, 141 (1978).
6) 辰巳 怜ら，化学工学誌，**80**(3), 179 (2016).
7) 山本修一，日本食品工学会誌，**11**, 73 (2010).
8) F. Achchaq, *Drying Technology*, **34**, 1501 (2016).
9) A.F. Routh, *Rep. Prog. Phys.*, **76**, 1 (2013).
10) 藤田昌大，山口由岐夫，表面科学，**25**, 642 (2004).

11) 今駒博信, 化学工学論文集, **38**, 1 (2012).
12) R. Tatsumi, *et al.*, *Appl. Phys. Lett.*, **112**, 053702 (2018).
13) M. Yamamura, *et al.*, *Colloids Surf., A*, **342**, 65 (2009).
14) A. Nakahara, Y. Matsuo, *J. Stat. Mech.*, P07016 (2006).
15) 江口隆之, 熱物性, **6**, 114 (1992).
16) 福満仁志ら, *Electrochemistry*, **83**, 2 (2015).
17) C.C. Roberts, L.F. Francis, *J. Coat. Technol. Res.*, **10**, 441 (2013).
18) 片桐良伸, 化学工学会誌, **79**(9), 28 (2015).

第12章　気相薄膜プロセス

半導体プロセスの興隆につれ，薄膜形成プロセスは飛躍的に発展した．とくにシリコン系の CVD(chemical vapor deposition)，や p-CVD(plasma-CVD)は IC を作製する必須のプロセスであった．その後，磁性膜，金属薄膜，金属酸化物薄膜などにスパッタ(sputter)が多用された．さらに，半導体レーザーや超格子の作製に MBE(molecular beam epitaxial)が用いられた．代表的な薄膜形成法を表 12.1 に示す．これらはいずれも低圧力のため，流体力学的な問題よりも，気相や基板上の反応と拡散をベースにした成膜速度が重要となり，化学種の反応速度の研究が進展した．さらに，成膜温度の低温化の要請から，p-CVD やスパッタの重要性が増した．

気相薄膜形成は液相薄膜形成(塗布・乾燥)と比較して，高純度化，超薄膜化などの利点があるため(表 12.2)，主として半導体分野に用いられている．そのほかに，フィルム，ガラス，セラミックス，金属などさまざまな基板の表面処理や表面コーティングにも用いられる．とくに，基板との密着性を求められる場合に，たとえば，眼鏡フ

表 12.1　薄膜形成法の分類と特徴

	方　式	原　理	圧力 / Pa	基板温度	応　用
物理的	蒸着	蒸発	$< 10^2$	室温〜	金属配線　有機 EL
	スパッタ	放電プラズマ　スパッタリング	$< 10^2$	室温〜	導電性薄膜
	イオンプレーティング	金属のイオン化	< 1	室温〜	工具
	レーザーアブレーション	レーザー加熱蒸発	< 1	室温〜	半導体薄膜
	MBE	超高真空蒸着	$< 10^{-3}$	数百℃〜	半導体レーザー
化学的	CVD	熱分解反応	$< 10^2$	$500℃ <$	機能性薄膜
	p-CVD	放電プラズマ	$< 10^2$	室温〜	半導体薄膜　太陽電池

圧力は膜厚の均一性や膜質に影響を与える．また，圧力を下げると成膜速度は低下する．基板温度は密着性や反応性を制御する．

表 12.2 液相薄膜と気相薄膜の比較

方式		成膜種	特徴
液相	塗布	析出, 粒子, ポリマー	室温, 溶液, コロイド, ゾル
	めっき	化学種	電解質
	陽極酸化	イオン種	電解, 酸
気相	CVD	ラジカル	高温熱分解
	p-CVD	ラジカル, イオン	放電プラズマ
	スパッタ	ラジカル, イオン	ターゲット

液相系は安価に大面積で厚膜まで対応できるため好まれる．気相系は高純度化が可能なため半導体分野で使われる．

レームはスパッタリングや蒸着を用いて製造されている．一方，液相薄膜形成は安価で大面積で厚膜化が可能なので，最近では**リチウムイオン電池**の電極をはじめ，**透明電極**などの製造にも用いられている．

本章では気相薄膜プロセスについて説明する．気相薄膜形成は成膜速度が遅いため，薄膜や表面処理に向いており，高純度化も可能であることから電子デバイスに多用される．たとえば，**有機 EL** などは大面積に均一な超薄膜を必要とするため，**蒸着法**が主流であるが，塗布法にかわりつつある．このように，塗布膜と気相薄膜のそれぞれの特徴を理解する必要がある．しかし，両者を支配する物理や化学が異なるため，研究者も異なることが多い．

12.1 気相薄膜の構造形成

気相薄膜プロセスでは，結晶やアモルファス，配向などの微細構造を制御する必要があるので，ここで基礎的な構造形成の学理をまとめておく．これまで説明したように，**反応律速**にすることが第一原則である．そのためには，拡散速度をできるだけ大きくする必要がある．薄膜形成のおもな化学種は**ラジカル**や**イオン**であり，気相反応において形成される場合が多い．この場合には，気相ラジカルの拡散速度を大きくするために，成膜圧力を下げる方向であるが，原料化学種の濃度低下による成膜速度の低下とのバランスにより成膜圧力を決める．一方，表面反応が主体の場合には，表面拡散速度の寄与を大きくするために，基板温度を上げすぎないことである．つまり，基板温度を高くすると，表面反応速度が大きくなり**表面拡散律速**になるからである．気相反応と表面反応の寄与率はさまざまであり，反応律速にするために，気相圧力と

基板温度の適正化が重要になる.

気相拡散律速になると,気相中のラジカル濃度が高くなり,気相中で**核発生**を起こしナノ粒子の生成に至る.表面拡散律速になると異常成長に至る.基板との親和性(濡れ性)が悪いと**島成長**や**密着性**が悪くなる.

成長モード

気相薄膜形成では,化学種と基板の相互作用がまず重要になる.よって,基板の結晶性,結晶方位,格子間隔などと同様に,熱力学的な**濡れ性**が重要で,化学種の集合体としての性質により,**成膜モード**は代表的に図 12.1 に示す 3 種類[1]に分類される.(a)はエピタキシャル成長であり,濡れもよく,格子マッチングもよい場合である.(b)は濡れが悪く,成膜種が集合体を形成するほうが安定で核発生に至る.(c)は(a)と(b)の中間で,1 層目は吸着されるが 2 層目は不安定になり核発生に至る.1 層目の化学種は 2 層目の化学種と同一にも関わらず,基板分子の影響を受けて異なる化学種のように振る舞う.表面の等温吸着において,1 層目の吸着の後,2 層目吸着から液性(分子集合体)をもち,核発生に至る.二段核発生説に基づけば,この核は凝縮核であり液相ゆえに 1 層目の上を移動することが可能であり,一定間隔の核密度に到達する.その後,結晶化すれば(a)のエピタキシャル成長が起き,成長速度の遅い面が残る**進化的成長**(evolutionary growth)に至る.拡散律速の場合には,エピタキシャル成長しないでアモルファスになる.このように,薄膜成長は簡単ではないが,膜分析などにより,成長モードを把握しておくことは大切である.

島成長

金属酸化物基板上に金属を薄膜化する場合に,成長モードを判定することは,触媒担持において重要である.たとえば,CNT(カーボンナノチューブ)成長における Fe や Ni 触媒の場合,基板上の触媒数密度を制御する必要がある.酸化物基板と金属の相互作用エネルギーと金属同士の相互作用エネルギーを比較して,島成長を判断[2]で

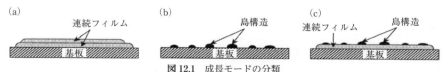

図 12.1 成長モードの分類
(a)エピタキシャル成長,(b)島成長,(c)S-K 成長.島成長の数密度と大きさを制御して,量子ドットレーザーを MOCVD(metal organic-CVD)で作製する場合などがある.

140　第12章　気相薄膜プロセス

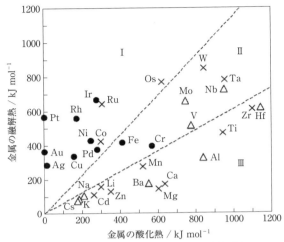

図 12.2　金属膜成長モードの分類(TiO$_2$基板上)
Iは島成長モード，IIIはエピタキシャル成長モード，IIはIとIIIの遷移モード．●，△，×は実験的に得られたモードであり，それぞれ島成長モード，エピタキシャル成長モード，未決定を表している．成長モードは基板と膜の密着性や膜質に影響を与える．また，触媒金属の選択に役立つ．
[M. Hu, S. Noda, H. Komiyama, *Surf. Sci.*, **513**, 535 (2002)]

きる．たとえば，金属の酸化熱(図 12.2 横軸)と金属の融解熱(図 12.2 縦軸)を比較すると，図 12.2 Iに示す領域で**島成長**をすることがわかる．

12.2　CVD

CVD[3]は気相化学種の化学反応により分解し，ラジカルなどの化学種を基板上に**堆積**させる方法である．化学反応を起こすため，気相温度や基板温度を高くする必要があり，使用される基板は限定される．また，さまざまな膜種を成膜するために，有機金属などの反応性ガスが開発され，**MOCVD**(metal organic-CVD)により，さまざまな半導体薄膜が作製されている．

気相で**熱分解**させると，気相で核発生し，ナノ粒子を生成するため，反応を基板表面や近傍で起こす必要がある．そのため，気相温度より基板温度を高くしておくことが好ましい．成膜種の表面反応速度を求めるのは難しいため，**付着確率**(sticking probability)[4]を用いて定式化することもある．成膜速度や膜質を制御するために，反

応律速を前提とした操作を行う．つまり，減圧度を上げて拡散速度を大きくし，流体運動の影響をできる限り小さくする．その結果，成膜速度を下げて，生産性よりも膜質の向上と均一性を求めることになる．

12.3 p-CVD

p-CVD は電子・分子反応を用いるため，低温でも堆積でき，しかもイオン種のイオンエネルギーを利用して基板と堆積物の密着性も向上できる．ただし，**放電プラズマの設備と真空を必要とするため，コストアップになる**．

一般に，ラジカルの反応性は高いため，ラジカルの**拡散律速**になりやすく，膜の低密度化が起きやすい．拡散速度を大きくするために，圧力をできるだけ下げるが，下げすぎると成膜速度が低下するので，最適圧力に設定する．また，表面拡散速度を大きくするために基板温度も少し高めに設定する．

放電プラズマ

放電プラズマは非平衡プラズマ(第4章)であり，**電子温度と分子温度に大きなエネルギー差がある**．電子温度は eV で表現され，$1\,\mathrm{eV} = 10000\,°\mathrm{C}$ に相当し，$1\,\mathrm{eV} = 23.4\,\mathrm{kcal\,mol^{-1}}$ である．たとえば，C–C や C–H の結合エネルギーはそれぞれ，4.5 eV と 3.8 eV であるため，電子エネルギーから見れば低いエネルギーで化学結合を切ることができる．電子・分子反応は図 12.3 のような電子エネルギーに対する**衝突確率を示す衝突断面積**[5]から，計算で求めることができる．これより，p-CVD の成膜種のほとんどはラジカル種であり，イオン種も約 10% 程度の寄与があることがわかる．たとえば，シラン(SiH$_4$)ガスの場合には，ラジカルとイオンの発生閾値はそれぞれ $q_\mathrm{d} = 8.4\,\mathrm{eV}$ と $q_\mathrm{i} = 11.6\,\mathrm{eV}$ であり，この約 3 eV の差により，ラジカル種の発生はイオン種の発生に比べ 10 倍以上になる．このラジカル種は電気的に中性であるため，拡散により基板に到達し膜を形成する．一方，イオン種は電荷をもつため，電場の影響を受けて非等方的に基板に輸送され，電界からエネルギーを受けたイオン種の衝撃により膜は緻密化する．これを，**イオン衝撃**(ion bombardment)という．

放電開始電圧

放電プラズマは印加電圧が閾値を超すと放電を開始する．その電圧は**放電開始電圧**(閾値電圧) V_th とよばれ，式 (12.1) から求めることができる．ここで，A $(\mathrm{cm^{-1}\,Torr^{-1}})$, $B(\mathrm{V\,cm^{-1}\,Torr^{-1}})$ は分子に依存する定数，$p(\mathrm{Torr})$ は圧力，$d(\mathrm{cm})$

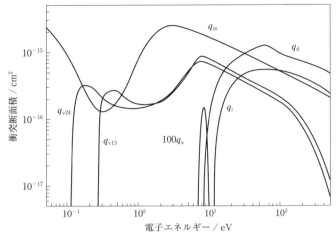

図 12.3 シランガスの衝突断面積

q_m：運動量輸送，q_{v13} および q_{v24}：振動励起，q_a：電子付着，q_d：解離，q_i：電離．電子が分子と衝突して，付着（負イオン生成），解離（ラジカル発生），電離（正イオンと電子生成）などの電子分子反応が起きる．この衝突確率から反応速度を計算できる．ボルツマン方程式を解くことにより，衝突断面積から電子エネルギー分布を計算でき，放電プラズマの数値シミュレーションが可能となる．電界分布やラジカルやイオン分布など装置内のプラズマ濃度は，電子，イオン，ラジカル，電荷の保存式を解いて求める．

[Y. Ohmori, M. Shimozuma, H. Tagashira, *J. Phys. D: Appl. Phys.*, **19**, 1030 (1986)]

は極間距離，γ は電極表面の二次電子放出係数である．そして，pd は圧力 p と電極間距離 d の積で，分子の**平均自由行程**を表す．図 12.4 から V_{th} は極小値を有し，この極小値で放電プラズマの**放電効率**が最大[6]になる．この曲線は**パッシェン曲線**（Paschen curve）とよばれ，静電気の放電現象も説明できる重要な特性である．この極小値を境に，右側ではカソード電極付近で電界の大きな**シース**をもち，不連続な**一次相転移**となる．一方，左側では放電空間は一様であり，連続的な**二次相転移**となる[6]．一般に，p-CVD には大きな電流が流れる右側の放電が用いられる．

$$V_{th} = \frac{B(pd)}{\ln(pd) + \ln\left\{\dfrac{A}{\ln\left(1+\dfrac{1}{\gamma}\right)}\right\}} \qquad (12.1)$$

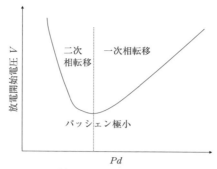

図 12.4 パッシェン曲線

放電プラズマの放電開始電圧の予測のみならず，帯電予測や静電気の放電予測にも使われる．極小値の左側は平均自由行程が小さく衝突律速となり，最短距離ではなく遠距離になるほど放電しやすいため，通常の平行平板型電極では実現されない．極小値の右側では空間的にシース領域とバルク領域に相分離する．その結果，放電レジームにヒステリシスが現れる．シース領域の電界は大きく電離が盛んになり，イオンがバルク領域に蓄積する．電子はイオンに比べ移動度が 100 倍ほど大きく，周波数が GHz のマイクロ波になると電子もトラップされシースは消滅する．

放電周波数

電子エネルギー分布と衝突断面積から電子・分子反応の速度を計算できることをすでに述べた．電子エネルギーは印加電圧や圧力に依存するほかに，**周波数**にも依存する．周波数を MHz まで上げていくと，RF (radio frequency) 領域でイオン種がトラップされて，イオン数密度が増加し，結果として電子密度も増加する．さらに周波数を GHz まで上げ，MW (microwave) 領域にすると電子もトラップされて電子密度が飛躍的に増大する．しかし，電子エネルギーは 1 eV 近くまで著しく低下し，電子加熱には適しているが解離反応には向かない．そこで，磁場を用いた ECR (electron cyclotron resonance) プラズマにより電子密度をさらに上げて，p-CVD として常用されるようになった．

反応速度

放電プラズマ反応は電子・分子反応であり，放電を維持するために電子増殖は必要になる．この電子・分子反応速度[7]は電子エネルギー分布に依存し，図 12.3 の衝突断面積から求めることができる．

12.4 スパッタ

スパッタは**金属ターゲット**をアルゴン(Ar)プラズマの Ar イオンの**スパッタリング**により，**金属膜**や**金属酸化膜**を作製する．酸化膜の作製においては，反応性スパッタリングを用いるため，ターゲット表面の酸化状態に依存して，metalic mode から oxide mode へのモード変化が起き，成膜速度と膜質に大きな影響を与える．

成膜種はラジカルと考えてよいが，スパッタリング速度を大きくするとクラスターなどが混入する．反応性ガスのプラズマにおける電子・分子反応をもとにした解離度の推定から，基板上における金属原子との反応速度も考慮することが望まれる．成膜速度を大きくするために，磁場を利用したマグネトロンスパッタも常用される．周波数の選定と合わせて，放電プラズマの調整は重要である．

12.5 蒸 着

蒸着は化学種を蒸発させて基板上に堆積させるため，さまざまな基板に適用できる．しかし，堆積物と基板の**密着性**に課題が残る場合がある．よって，基板の温度管理に加えて，基板の前処理や基板の脱ガスなどを行う．蒸着分子を蒸発させるために，**抵抗加熱**や**電子ビーム加熱**が用いられる．そのさい，蒸発ソースは**るつぼ**を点源とすることが多く，膜厚を均一化するために工夫が必要である．

成膜種は蒸着源の分子であるが，蒸着源加熱により熱分解を避けるために，おのずと蒸着速度に限界がある．蒸着物質の純度も重要で，有機 EL などの電子材料では，**昇華精製**も必要となり昇華精製装置のスケールアップも必要になる．そのさい，粉体の熱伝導度は粒子サイズと減圧度に伴い減少するため，るつぼ中の温度分布が生じやすく注意が必要である．

蒸発速度 $W(\mathrm{g\,cm^{-2}\,s^{-1}})$ はラングミュア(Langmuir)の式によって式(12.2)で与えられる[8]．

$$W = 5.8 \times 10^{-2} P \sqrt{\frac{M}{T}} \tag{12.2}$$

ここで，P は蒸気圧(Torr)，M は分子量，T は絶対温度(K)である．

実用的には蒸着速度は $10 \times 10^{-5}\,\mathrm{g\,cm^{-2}\,s^{-1}}$ 以上が求められ，品質の観点からはさらに $10 \times 10^{-2}\,\mathrm{g\,cm^{-2}\,s^{-1}}$ 以下であることが好ましい．

12.6 気相薄膜プロセスのスケールアップ

　気相薄膜のスケールアップのポイントは，膜厚や膜質を一定にすることである．膜質は膜構造により決まり，膜構造は主として成膜速度に依存するために，成膜速度を決める要因を把握しておく．薄膜形成の基本は反応律速とするため，気相温度と基板温度の制御がもっとも重要であり，まず**反応速度定数**を決める．一方，原料成分の濃度は原料供給速度と圧力で制御される．一般に，気相薄膜プロセスの圧力は 100 Pa 以下と低いため，気相拡散は大きく完全混合モデルの適用が可能である場合や，Re は低く軸流流れで近似できる場合が多い．つまり，例外を除いて，乱流モデルを用いる必要がなく，流体運動は重要であるが難しくない．よって，流体解析よりも反応速度解析のほうが主体となる．

　膜厚の面内均一性を確保するためには，原料ガスの反応率は大きすぎず（反応率で 10% 以下），原料ガスの流し方と圧力，さらに反応温度の適正化を図る．反応律速を前提にスケールアップ則③の**滞留時間**を一定にすることがもっとも重要である．そのほかにも，基板の幅方向の膜厚の均一化も重要になる．膜質は成膜速度と関係があり，成膜速度を大きくすると，緻密性が失われ**表面あれ**が起きてくる．さらに大きくすると，気相でナノ粒子の発生が起き，膜質は劣化する．また，膜質は基板温度の影響が大きく，適正な温度に設定するために，加熱や冷却が必要になり熱設計が大切になる．とくに，スパッタリングにおいては，ターゲットの温度上昇による輻射伝熱により基板加熱が起きるので，スパッタリング速度に限界がある．

　薄膜と基板との密着性を確保するために，基板の前処理や基板の温度管理が重要になる．基板幅方向の膜厚の均一性を確保するために，原料の流れに注意し，拡散を強化するために減圧度も調整する．**原料供給律速**になると，膜厚や膜質に問題が起きやすいので，反応律速にすることも重要である．

　p-CVD では上記に加えて，放電プラズマの管理が重要であり，**プラズマ発光**による励起種の診断や**電子温度**の測定なども必要な場合がある．また，放電プラズマは電圧，圧力，周波数，磁場などの影響を受けるため，それぞれの操作変数に対する膜質の影響を考慮しておく．とくに，イオン衝撃は膜質の緻密化に寄与するため，基板バイアスなどは重要な操作因子である．

演習問題 1

パッシェンの法則は式(12.1)で表される.
(1) $A = 12\,\text{cm}^{-1}\,\text{Torr}^{-1}$, $B = 180\,\text{V}\,\text{cm}^{-1}\,\text{Torr}^{-1}$ のとき，横軸に pd, 縦軸に V_{th} をとり，$\gamma = 0.01, 0.1, 1, 10$ の4種類についてグラフを書きなさい．
(2) γ は電極へのイオン衝突に対し発生する電子の個数を表し，これを二次電子放出係数という．γ 係数が大きくなると，V_{th} が小さくなる理由を簡単に述べなさい．

解 答

(1)

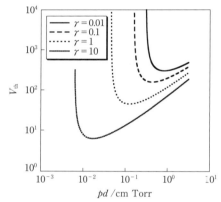

(2) 二次電子の放出が盛んになるにつれて，プラズマを発生させるための効率がよくなり，印加電圧は低下する．

演習問題 2

Al 薄膜をスパッタにより成膜する過程を考える．単位面積当たりの成膜速度 $R(\text{s}^{-1}\,\text{cm}^{-2})$ は輸送通過率 $C_{\text{T}}(-)$，スパッタ収率 $Y(-)$，Ar の流束 $J(\text{mol}\,\text{s}^{-1}\,\text{cm}^{-2})$ を用いて以下のように表される．
$$R = C_{\text{T}} Y J$$
$$C_{\text{T}} = \exp(-\alpha_{\text{T}} pd)$$
α_{T} は元素種で決まり，ここでは $\alpha_{\text{T}} = 0.05\,\text{Pa}^{-1}\,\text{cm}^{-1}$ とする．基板とターゲット間の距離 d を 5 cm とし，圧力 $p = 0.27$ Pa とする．Ar ガスの DC 放電を用いて Al ターゲットをスパッタリングする．プラズマの条件として，印加電圧 400 V，電流密度は $0.001\,\text{A}\,\text{cm}^{-2}$ とする．成膜速度はいくらになるか．また，100 nm の Al 薄膜を成膜するにはどのくらいの時間がかかるか．なお，プラズマ空

間の Ar イオンのエネルギーはすべて 400 V と仮定する．Al 密度は 2.70×10^3 kg m^{-3}，分子量 M は 27.0，スパッタ収率 $Y = 0.8$ とする．

解 答

輸送通過率を計算すると，
$$C_\mathrm{T} = \exp(-0.05\times0.266\times5) = 0.936$$
また Ar 粒子の流束は電流密度に等しいことから，ファラデー定数を用いて
$$J = 0.001/96\,500 = 1.0\times10^{-8}\ \mathrm{mol\ s^{-1}\ cm^{-2}}$$
と求められる．これにスパッタ収率と輸送通過率を掛けると成膜速度が求まる．
$$R = 0.936\times0.8\times1.036\times10^{-8} = 7.7\times10^{-9}\ \mathrm{s^{-1}\ cm^{-2}}$$
これを膜厚に換算して
$$7.7\times10^{-9}\times27/2.7 = 7.7\times10^{-8}\ \mathrm{cm\ s^{-1}} = 7.7\times10^{-1}\ \mathrm{nm\ s^{-1}}$$
つまり，100 nm の薄膜を形成するためには約 130 秒かかる．

演習問題 3

p-CVD について考える．原料ガスとして SiH_4 のみを用い，a-Si 膜をつくる過程を考える．プラズマ反応器内部では以下の電離と解離の二つの反応が起きているとする．

電離：$SiH_4 + e^- \longrightarrow SiH_4^+ + 2\,e^-$

解離：$SiH_4 + e^- \longrightarrow SiH_3\cdot + H\cdot + e^-$

極間距離 $d = 5$ cm，圧力 $p = 133$ Pa，電圧を 100 V とする．このときの電流密度は 0.1 mA cm^{-2} であり，電離の反応速度定数 $k_\mathrm{i} = 10^5$ s^{-1}，解離の反応速度定数 $k_\mathrm{d} = 10^6$ s^{-1} とする．生成したラジカル種が基板以外に付着したり，排気されたりするため，生成ラジカルの 20% が堆積膜になると仮定したとき，成膜速度を求めなさい．イオンによる堆積膜の形成は無視してよい．また，100 nm の薄膜をつくるためにはどのくらいの時間が必要か．なお，a-Si 膜の原子数密度を 4.3×10^{21} cm^{-3} とする．

ヒント：イオンの平均フラックスが電流密度に等しいことに注意する．イオンの平均フラックス f_i s^{-1} cm^{-2} は $f_\mathrm{i} = k_\mathrm{i} n_e d$ と表される．n_e は反応器中の電子密度(cm^{-3}) である．

解 答

イオンの平均フラックス f_i は電流密度に等しいので，
$$f_\mathrm{i} = k_\mathrm{i} n_e d = 10^5 n_e\cdot 5 = \frac{0.1\times10^{-3}}{96\,500}\times6.02\times10^{23} = 6.2\times10^{14}$$
$$n_\mathrm{e} = 1.2\times10^9$$
よってラジカル種の平均フラックスは
$$f_\mathrm{d} = k_\mathrm{d} n_e d = 6.0\times10^{15}\ \mathrm{cm^{-2}\ s^{-1}}$$
これを原子数密度で割ると，成膜速度は 1.40×10^{-8} m s^{-1} となる．

実際にはこのうちの 20% 程度が堆積膜となるので成膜速度は 2.8×10^{-9} m s^{-1} である.

100 nm の薄膜を形成するには約 36 秒かかる.

演習問題 4

(1) 金属アルミニウムの成膜速度を式(12.2)を用いて計算しなさい.
(2) 蒸着源を 1490 K としたとき,膜厚 100 nm の蒸着膜を得るための時間を求めなさい.

なお 1490 K での Al の蒸気圧は 13.3 mTorr で,密度 ρ は 2.7×10^3 kg m^{-3} である.また,ターゲットの面積を S_1 とし,基板の面積を S_2 とする. $S_1 = S_2 = 0.01$ m^2 である.

解 答

(1) Al の蒸発速度は式(12.2)を用いて,
$$WS_1 = 5.8\times10^{-2}\times0.0133\times\sqrt{\frac{27}{1490}}\times100 = 1.04\times10^{-2} \text{ g s}^{-1}$$
これが面積 S_2 の基板に蒸着されるので,成膜速度 R(m s^{-1}) は
$$R = \frac{WS_1}{S_2\rho} = \frac{1.04\times10^{-5}}{0.01\times2700} = 3.85\times10^{-7} \text{ m s}^{-1} \text{ となる.}$$

(2) 100 nm の膜を得るのに必要な時間は,$\dfrac{1.00\times10^{-7}}{3.85\times10^{-7}} = 0.26$ 秒

参考文献

1) 羽根田陽子ら, 表面科学, **19**, 463 (1998).
2) M. Hu, S. Noda, H. Komiyama, *Surf. Sci.*, **513**, 530 (2002).
3) 関口 敦, *J. Vac. Soc. Jpn.*, **59**, 171 (2016).
4) 広瀬全孝, 応用物理, **52**, 657 (1983).
5) Y. Ohmori, M. Shimozuma, H. Tagashira, *J. Phys. D: Appl. Phys.*, **19**, 1029 (1986).
6) Y. Yamaguchi, T. Makabe, *Jpn. J. Appl. Phys.*, **31**, L1291 (1992).
7) 真壁利明, "プラズマエレクトロニクス", 培風館 (1999), p. 26.
8) 基礎講座委員会, 真空, **5**, 371 (1988).

第13章 スケールアップのまとめ

　時代とともに，化学工学への期待やニーズは変化し，かつてのようなスケールアップ研究は形を変え，"ものづくり"研究開発の一環として位置づけられている．スケールアップはラボ装置を単に大きくするのではなく，プロセスの理解に基づき，プロセスを再構成することである．つまり，生産速度の**律速段階**（第3章）を把握して，材料のナノ構造を制御できるようにプロセスを設計する．スケールアップ則を活用し，スケールアップにおける評価指標の目標を達成する．

　ケミカルエンジニアはラボ実験スケールから実スケールに至るまでの研究開発を担い，分子レベルの化学から材料レベルの物理に至るまでを理解し，装置設計などの実践的なエンジニアリング技術までを要求されている．このように，ケミカルエンジニアは研究開発の成果を現場に移行し，機能や性能を実現するための重要な役割を担っている．一方で，3Dプリンティングやマイクロリアクターのように生産技術も変化し，さらにAIの導入による生産技術のイノベーションも起きてくる．現代の化学工学教育は学部で体系を学び，大学院において研究の方法論を学ぶ．材料・プロセス分野においては，材料研究が優先され，プロセス研究を遂行するのは難しくなっている．一方で，企業は材料・プロセスのさらなる高度化を必要とし，プロセス開発を担える人材を求めている．しかも，試作から本格への期間はきわめて短く，スケールアップ検討の時間的余裕はなく，試作機から一気に本格機の選定に入る．

　本章ではまとめとして，"ものづくり"の材料・プロセスを俯瞰して，最終製品の生産速度と品質を最適化する方法をまとめる．一般に，品質を確保しつつ生産速度を大きくするには限界があり，石油化学や機能化学品とは異なる方法論や考え方が必要である．それは，プロセスにおける構造形成を**非平衡相変化**の視点から，化学工学モデルを用いて解析することからはじまる．しかし，現状の化学工学教育体系では不十分であり，企業研究者や開発者のニーズには応えきれない．現実に直面する課題の本質を探ることが，最高の教育であり求められることである．

表 13.1 材料・プロセスのスケールアップポイント

材料プロセス	評価指標	スケールアップのポイント
反応	反応速度	反応律速にするために P_v 強化 反応温度,濃度の適正化
	反応選択率	触媒設計
粒子合成	粒子合成速度	反応速度を上げるため P_v 強化
	粒子サイズ分布	過飽和度の制御
析出	析出速度	過飽和度(冷却速度)の制御
	析出サイズ分布	凝集速度の制御
	結晶性	冷却速度と結晶化速度の比
分散・混練	分散速度, 混練速度	せん断速度一定(ペクレ数) P_v を一定
	凝集サイズ分布	P_v と滞留時間の制御
塗布	塗布速度	キャピラリー数を一定, 塗布ウィンドウ
乾燥	乾燥速度	乾燥ペクレ数を一定
	透水速度	凝集体密度の制御

P_v：単位体積当たりの所要動力.材料・プロセスに応じてスケールアップ因子は異なるように見えるが,表 13.2 のように統一される.

13.1 スケールアップの評価指標

　スケールアップにおける評価指標は,生産効率と品質に分類される.そして,スケールアップは品質スペックを満たし,生産コストを最小にすることを目標にする.代表的な材料・プロセスの評価指標とスケールアップのポイントを表 13.1 にまとめておく.

反　応

　反応操作における評価指標は,生産効率の指標である反応速度と,品質の指標である**反応選択率**に分けられる.反応速度は濃度や反応温度などに依存し,反応選択率は主として**触媒設計**に依存する.反応操作のスケールアップは,反応選択率を下げないために**反応律速**(第 3 章)にするのが原則であり,**混合拡散速度**を高く維持するために,単位体積当たりの所要動力 P_v を一定とする.つまり,反応速度が律速になるよ

うに，混合拡散速度の指標である P_v を大きくする．また，装置が大型になると，供給装置や混合装置など装置条件が律速となる可能性もあり注意を要する．

一方，反応速度は P_v を上限とし，反応温度から決め，反応収率から**滞留時間**を決定する(第3章)．そして，この滞留時間から V を求め，反応器コストを見積もることができる．

ナノ粒子合成

粒子合成の評価指標は粒子合成速度に加えて，粒子サイズ分布の制御が必要になる．一次粒子サイズを小さく，しかも粒子分布をシャープにするために，**過飽和度** S を大きく，空間分布を均一にする(第6章)．このために，**乱流混合**を強化し，反応場を均一にして，反応速度を大きくする．

また，ナノサイズの一次粒子は表面エネルギーが高く凝集しやすいため，**凝集制御**が重要になる．一般に，凝集状態は，粒子に作用する流体力と粒子間力の比である Pe により決まる．流体力の目安として，P_v を用いる場合もある．核成長を無視できる場合には，粒子歩留まりは滞留時間に関係がなく，核成長が起きる場合には，粒子歩留まりは滞留時間とともに高くなる．

析 出

析出の評価指標は**析出速度**と粒子サイズ分布に加えて，**結晶性**が挙げられる．一次粒子サイズ分布はナノ粒子合成と同様に S により制御し，凝集粒子サイズは Pe や P_v により制御する．結晶性は**冷却速度**と**結晶化速度**の比により決まり，同じ粒子径ならば冷却速度が小さいほど結晶性がよい．しかし，冷却速度が小さいほど S は小さく，粒子サイズは大きくなる．

結晶化は**二段核発生説**(第7章)のように，液相の**凝縮核**を経由するため，結晶化速度は液相の**分子拡散係数**が大きいほど速い．一般に，結晶サイズが小さいほど結晶性はよく，大きな結晶を得るには冷却速度を十分に小さくする必要がある．

分散・混練

分散・混練プロセスは解砕，分散，混合など複合的であるため，粒子サイズ分布を評価指標とすることは難しく，見掛け粘度などで代用することも多い．粒子サイズ分布の制御については，すでに説明したように，Pe と P_v を用いる．

分散・混練プロセスにおける粘度は，shear thinning → shear thickening → shear thinning と変化する(第5章)．そして，この粘度変化は Pe に依存するため，スケー

ルアップにおいては Pe を一定にする．混練プロセスのように，Pe の見積もりが難しい場合には，トルク測定（第9章）を用いる．

　分散操作による低粘度化は，**ナノフィラー**の混合を促進し，添加量を減らすことができる．その結果，**ナノ分散**は品質向上に加えてコスト的にも有利になるため，必須のプロセスである．凝集粒子は主としてせん断応力により解砕し，**体積解砕**を経て**面積解砕**に移行する（第8章）．このような凝集粒子の形状制御は品質に大きな影響を与える．

　一方，混練操作は分散された粒子の**充塡率**を高める重要なプロセスである．とくに，リチウムイオン電池のように，**イオンの伝導率**を上げて，**電子伝導性**を高め，しかも電極質量当たりの貯蔵エネルギー量を大きくするためには，混練プロセス（第9章）は欠かせない．

塗　布

　塗布操作の評価指標は膜厚と面内均一性である．粘稠な**湿潤粉体**を厚膜でしかも均一に塗布するのは難しい．粘度の低い塗布液もまた，薄膜で均一に塗布することも難しい．よって，塗布液の性状と膜厚に応じて，塗布方式を選択することになる．スケールアップにおいては，塗布欠陥を避けるために塗布ウィンドウ（第10章）に注意する必要がある．塗布ウィンドウはキャピラリー数 Ca でまとめられており，スケールアップにおいては Ca を一定にすることが好ましい．

乾　燥

　乾燥操作の評価指標は**乾燥速度**と**空隙率**である．寸法精度やクラックフリーなども重要であり，低速で平衡論的な乾燥条件が好ましい．しかし，スケールアップでは乾燥速度を限界まで速くすることが望まれる．

　スケールアップにおいては**減率乾燥期間**に形成される濃縮層構造を制御する（第11章）必要があり，乾燥ペクレ数を一定にすることが好ましい．空隙率を大きくするには，粒子凝集の利用やファイバー状のフィラーを添加する．また，力学的強度を確保するには適量のバインダーを添加する．スプレードライを用いて乾燥粒子を製造する場合には，粒子サイズ分布と空隙率，さらに強度を制御する必要がある．スケールアップにおいては，**バインダー**などの**フィルミング**を避けなければならない．

13.2 材料・プロセスの構造形成

"ものづくり"は材料の性質とプロセス特性の両方を理解することが重要である．とくに，最終的な材料の構造は品質を決めるため，構造形成のメカニズムを理解する必要がある．これは，プロセスにおける速度過程と材料の構造形成を連成して考えることである．そのポイントを以下にまとめておく．

速度過程と律速

均一系の単位操作における**プロセス設計**や**装置設計**，それに**運転条件**などの決定方法は，**平衡論**と**速度論**をベースに構築されている．一方，材料・プロセス(不均一系)の単位操作は，プロセス因子の速度過程と，材料構造の形成過程の両方を比較し，**律速段階**を把握する必要がある．たとえば，粒子系溶液の乾燥において，減率乾燥期間の乾燥速度は濃縮層構造に依存し，濃縮層構造は乾燥速度に依存する再帰的な関係にある．

プロセスや材料の速度過程は多段で，しかも並列結合や直列結合の場合が多く，それぞれにおいて律速段階を見極める必要がある．たとえば，**反応拡散方程式**(第3章)は反応速度と拡散速度の競合過程を表現し，**パターンダイナミクス**の解析に多用されている．

スケールアップにおいて，律速段階が変化する場合も多く，品質トラブルの原因となることがある．品質トラブルを回避するためには，本質を見抜く洞察力と忍耐力が必要であり，そのための方法論を大学や企業で身につける必要がある．

非平衡相変化

結晶性のよい材料は熱的に安定であり，優れた物性を有するため，**ナノ結晶**の利用が進んでいる．nmサイズでは表面欠陥を減らす表面処理や，ナノ結晶粒子の構造化も重要になる．また，**エマルション**などの**非晶質粒子**の構造化も，その機能向上のために重要である．つまり，目標とする機能に応じて，構造制御することが望まれている．そのために，ナノ粒子合成から分散・混練，塗布・乾燥に至るまでの材料・プロセスの重要性は増している．

材料・プロセスの構造形成は**非平衡相変化**として位置づけられ(第2章)，**ボトムアップ型**の熱力学的相変化と，**トップダウン型**の流体力学的相変化に分けられる．とくに，両者が交差するサブミクロン領域では，界面力の作用による凝集・分散が重要な役割を果たしている．この凝集・分散の構造はさまざまな材料物性に影響を与え，

製造プロセスから材料の機能までを決定づける．たとえば，流動特性におけるレオロジー，分散・混練における shear thinning や shear thickening, 塗布における塗布ウィンドウ，乾燥特性における透水係数など，凝集・分散状態が決定的な影響を与える．そのほかに，**相分離**，**相転移**，さらに**ゲル化**などにも大きな影響を与える．

材料・プロセスにおける自己組織化

材料の構造形成やプロセスの構造形成においても，至るところに**自己組織化**が見られる．

自己組織化とは非平衡相変化において，再帰的な構造形成をすることを意味し，しかもこの構造形成は秩序的であるため応用が広い．自己組織化現象は，物質，熱エネルギー，運動量の保存則に基づき，自己組織化を示す方程式を**自己組織化方程式**[1]とよぶ．材料・プロセスにおけるさまざまな構造形成を，自己組織化の立場から解明することにより，構造形成を制御することが望まれる．

13.3 スケールアップ則のまとめ

材料プロセスにおけるこれまでの**スケールアップ則**をまとめておく．着目する評価指標により，考慮すべきスケールアップ因子（表13.2）は変化する．①，②は速度過程を表し，③の**滞留時間**は**反応収率**を決める．④は析出粒子サイズを決め，⑤は**反応速度**と粒子凝集を決める．分散操作を具体例にすると，①は応力による分散速度を決

表13.2 スケールアップ因子のまとめ

	スケールアップ因子	次元	無次元数	物理的意味	着目操作
①	せん断速度	$\omega r/H$	Pe, Re, Fr, Ca	せん断応力	分散・混練
②	機械的エネルギー	ρu^2 P_v	N_p, We	単位体積当たりの所要動力	反応，分散・混練
③	滞留時間	L/u	—	特性時間	収率
④	過飽和度	—	$S=(C-C_s)/C_s$	非平衡度	析出粒子
⑤	熱エネルギー	$k_B T$	Pe	$E/k_B T$, E：活性化エネルギー 流体力/粒子間力	反応，粒子凝集

Fr：フルード数，We：ウェーバー数，k_B：ボルツマン定数，T：温度．粒子サイズや分散と凝集を一定にして，滞留時間を合わせることが一般的なスケールアップ則である．

13.3 スケールアップ則のまとめ

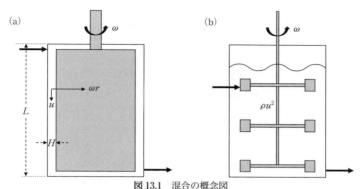

図 13.1 混合の概念図
(a)せん断混合，(b)乱流混合．せん断支配か慣性支配かにより混合速度が変化する．層流では分子拡散支配であり，乱流では乱流拡散支配となり，乱流拡散係数は層流拡散係数よりおよそ 10^5 大きい．

め，②は投入エネルギーによる**分散速度**を決める．①と②の使い分けは，対象とする装置の特徴により決まる．たとえば，図 13.1 に示すように，**せん断速度**が定義できる(a)の場合と，せん断速度が見積もれず投入エネルギーで定義する(b)の場合に分けて考える．そして，③の滞留時間により分散度合を決める．以上より，①もしくは②を用いて速度を決め，③により目標の収率を得るための滞留時間を決めることにより装置容積 V が決まる．

スケールアップ則と分散・凝集

スケールアップ則が表 13.2 のようにまとめられる理由について考える．均一系の場合には，反応律速を前提にすることを述べた．そのためには，攪拌混合(拡散)を反応速度よりも大きくすることが必要条件となる．その結果，図 3.1 の点 A が反応律速の上限であり，攪拌混合の強度を確保する必要がある．そして，攪拌強度を評価するもっとも簡便な指標は②の攪拌動力である．つまり，単位体積当たりの所要動力は平均値であり，攪拌混合の強度を表す．装置のインターナルはエネルギー分布に影響を与えるので，分布をできる限りシャープにするためにさまざまな工夫が必要である．次に，反応速度の影響は③の滞留時間で考慮する．平均滞留時間は容積を決める．滞留時間の分布はできる限りシャープであることが好ましく，**CSTR**(continuous stirred tank reactor)や **PFR**(plug flow reactor)のように完全混合や混合が起きないと分布はシャープになる．この結果，反応器モデルはスケールアップにおいてきわめて有効となる．そして，攪拌混合と同様に，装置インターナルの設計は分布をシャー

プにするための十分条件として重要になる．

不均一系の場合には，**境膜輸送律速**を考慮すると，液滴や気泡などの分散が重要になる．その結果，①のせん断分散や②の乱流分散のスケールアップ則が必要条件となる．そして，反応速度は境膜輸送律速となり，③の**滞留時間**を合わせることになる．装置インターナルの設計も均一系と同様に重要になる．相変化を伴う不均一系の場合には，核発生のサイズを制御するために，④の**過飽和度**を合わせることが必要になる．核発生においては，反応速度が過飽和度を決めることになり，反応温度の制御が必要であり⑤の熱エネルギーを合わせることになる．

材料の品質に凝集構造が本質的な影響を与えることはすでに述べた．この凝集を制御するために①，②と⑤が重要になり，凝集速度を制御するために③が必要になる．

無次元数

一方**無次元数**を一定にするというスケールアップの立場もある．表 13.2 に示した**スケールアップ則**①～⑤のスケールアップ則は，着目する無次元数を一定にすることにより導ける場合がある．スケールアップ則はすでに説明したように，物理化学的な意味が明確なので使いやすい．たとえば，ペクレ数は粒子径を一定にすると，表 13.2 ①のせん断速度となる．また，②の機械的エネルギー P_v は，無次元数である動力数 N_p の関数であり，N_p はレイノルズ数の関数である．②の機械的エネルギーは流体エネルギーであり，⑤の熱エネルギーと対比すると，ペクレ数と関係づけられ，粒子凝集のスケールアップに有効となる．

以上のスケールアップの手順を図 13.2 に示す．速度過程と滞留時間から収率を決め，スケールアップ則の適用範囲を確認するために，モード判定を行い，適用すべきスケールアップ因子を選択する．

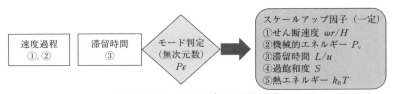

図 13.2　スケールアップ因子の適用手順
図中の番号は表 13.2 に対応している．まず左から①，②，③をチェックして，無次元数によるモード確認をして，最終的に用いるスケールアップ因子を決める．必要に応じて，④，⑤を追加する．

表 13.3　マルチスケールにおける数値計算の分類

	分子設計 (ナノ領域)	材料設計 (メソ領域)	装置設計 (マクロ領域)
量子化学	◎		
分子動力学	△	△	
コロイド動力学		○	△
粒子動力学		△	○
流体力学			◎

材料設計はとくに難しく，メソ領域の数値シミュレーションに期待が膨らむ．

数値シミュレーション

　ナノサイズからマクロサイズに至るまで，**マルチスケール**な構造形成は材料とプロセスの影響を受けることを述べてきた．そして，材料・プロセスのスケールアップは材料とプロセスの両方の知見が必要であり，それぞれの立場から**メソ領域**（1 μm 前後）の構造形成を理解することが必要であることを述べてきた．メソ領域を理解するために，さまざまな数値シミュレーションが行われており，それらを有効に用いることも必要である．表 13.3 に示すように，分子設計，材料設計，装置設計のそれぞれに対応した数値シミュレーションを用いることを勧めたい．

　これらのなかで，メソ領域に位置する**コロイド動力学**の重要性を強調したい．これは熱力学的と流体力学的な非平衡相変化を扱うことを目的とした，これからの学問領域である．一般に，コロイド動力学は熱力学的な分野が強調され，コロイド科学として位置づけられており，粉体は力学的，あるいは流体力学的なマクロな分野が強調され粉体工学として位置づけられている．これはコロイドと粉体の領域はそれぞれ nm サイズ，μm サイズと異なるため，粒子系という視点では同じであるが，粒子の作用力には大きな差異があるためであろう．粉体では熱揺動力は無視でき，粒子間の凝縮液体などによる引力が重要であり，粒子間ポテンシャルは無視できる．実践的には，ナノ粒子を添加するナノコンポジット系ではコロイド的な扱いが重要になり，ミクロンフィラーを添加する（ミクロン）コンポジット系と分けて考えておく必要がある．スケールアップにおいて，ミクロン系で問題がなくても，ナノ系で問題が起きることが多い．

13.4 スケールアップの課題

　化学工学は物質，エネルギー，運動量などの**保存則**を基礎にしている．これらの保存則は相分離，相転移，粒子凝集などサブミクロン領域におけるナノ構造を決定づける．よって，構造形成の学理を，平衡論や速度論に加えて，非平衡論の立場から，化学工学体系に構築する必要がある．

　スケールアップにおいて，これまで説明していない重要な課題について解説する．とくに，①物質変換やエネルギー変換などの**変換効率**，②**コストエンジニアリング**，③**スタートアップ**，④**安全性**などの課題が重要である．

変換効率

　変換効率はインプットに対するアウトプットとして定義され，できる限り大きくすることが望まれる．一般に，ラボ実験で変換効率を最大にするように条件を決め，その条件を保つようにスケールアップする．変換効率を決めている因子とメカニズムを理解することは，スケールアップの本質に関わる重要なことである．

　たとえば，発光材料において**濃度消光**[2]という現象がある．発光サイトの濃度を上げていくと，発光輝度が増していくが，ある濃度以上になると輝度が低下する．この原因は，励起子の濃度が増すにつれ，励起子間の相互作用が増え，発光せずにエネルギー損失する割合が増えることによって，輝度低下が起きるためといわれている．エネルギー変換効率を大きくすることは，電子デバイスの耐久性を増すため，きわめて重要である．ほかにも，冷暖房機における成績係数（COP：coefficient of performance）にも最大値が存在する．気泡塔や流動層はフラッディングや限界流速に近づくと効率が向上する．

　これらの例のように，操作領域内に最大値が存在する場合と，境界上（限界操作範囲）に最大値が存在する場合がある．後者の場合には，境界への許容範囲を決めて制御することになる．

コストエンジニアリング

　プロセスの最適化は，製造コストを最小化するように，コストを見積もる必要がある．排水処理などの環境処理コストも必要である．製造プロセスの最終的な**評価関数**はコストであり，品質は前提条件である．

　スケールアップにさいしては，競合技術も評価して技術的優位性を把握しておく必

要がある．そのためにも，**理論効率**を把握し，現実の効率とのギャップを評価し，将来技術を含めた技術の優位性を評価する必要がある．

スタートアップ

材料・プロセスにはヒステリシスを示すなど，非線形性の強いプロセスがある(第4章)．また，振動を伴い運転操作が難しい場合もある．このような場合のスタートアップには注意が必要である．たとえば，teapot effect[3]といわれるように，初期値に依存して解がかわる場合がある．このような例は，もともと多重解を有しており，初期値により異なる定常状態に落ちつく．そのためスケールアップはスタートアップにも配慮する必要がある．

安全性

安全性は**物質安全**と**プロセス安全**に分けられるが，物質としては安全でも材料として問題がある場合や，扱うプロセスにより安全性が問題になる場合があり，対応の難しさ[4]が残る．たとえば，**ナノ材料**の安全性において，シリカナノ粒子は珪肺を誘発するとして問題にされ，さらに，液相合成品と気相合成品で毒性が異なる．毒性や爆発性，発がん性などを物質の属性として理解すると同時に，物性と関連づけること[5]が好ましい．スケールアップにおける安全性の検討と設計は必須である．

13.5　おわりに

材料・プロセスは日本的な"ものづくり"の中核に位置し，その成果は装置開発やノウハウに蓄積されている．しかし，電子産業の生産技術は turn key 方式にまで洗練された結果，日本の優位性は薄れた．また，化学産業の生産技術もパッケージ化され，コスト競争にさらされている．一方で，日本的な"ものづくり"はその優位性を維持して産業競争力を確保している．そのほとんどは，材料とプロセスのカップリングした材料・プロセスである．

最近，**マテリアルズ・インフォマティクス**(MI)は材料設計の重要なツールとなりつつあるが，限界を認識しておく必要もある．プロセス依存が小さい平衡構造やランダムな相溶性ポリマーなどには適しているが，プロセス依存の大きい非平衡構造はMIの適用限界を超えている．そのほかに，**量子化学計算**や CFD シミュレーションなどもスケールアップに役立つ．ただし，課題解決のためには，現象のメカニズムや本質を見抜くことが必要であり，高度なツールを使うだけではなく，化学工学的な考

え方を軽視してはいけない．将来は，"ものづくり"に AI や IoT が浸透し生産技術にイノベーションが起きることは間違いない．その未来に備えるためにも，化学工学を駆使して本質に迫る必要がある．

> **演習問題**
>
> 　現在多量に用いられているナノ粒子は，カーボンブラックやシリカ粒子，チタニア粒子，有機顔料粒子，金属粒子などである．これらナノ粒子の安全性や毒性について十分な知識をもっておく必要がある．ナノ材料の安全性は化学物質安全と異なり，分子の性質だけでは決まらず，粒子構造に依存するため製造法により差異がある．アスベストを例に，なぜアスベストは 30～40 年もの長いインキュベーション時間があるのか推察しなさい．
>
> **解　答**
> 　答えはよくわかっていない．アスベストは針状なので肺胞に刺さり炎症を起こすと，巷ではいわれている．炎症は短期なのでインキュベーションの長い時定数を説明できない．一般に，炭素材料や金属酸化物は毒性が高いといわれている．これらの材料がナノ化すると，細胞に取り込まれやすくなる．一方，シリカはアスベストと同様に代表的な金属酸化物であり，珪肺という肺疾患は有名である．
> 　長期の時定数は何を意味するのだろうか．金属酸化物は水に溶解するのに時間がかかることと，肺内部の pH には分布があり，酸性側で再析出し有機・無機ハイブリッドを生成し肺胞を壊していく．つまり，肺に留まった金属酸化物は長い時間をかけて，溶解，析出，ハイブリッド化というプロセスを経ていると考えられる．よって，曝露量が多く，ナノ粒子サイズが小さく，水への溶解度が高いほど毒性が高いということになる．一方，炭素材料は疎水的であり，生体にとって異物とみなされマクロファージの攻撃を受ける．今後の毒性研究に期待される．

参考文献

1) 山口由岐夫，"ものづくりの化学工学"，丸善出版 (2016)，p.179.
2) 佐藤泰史ら，粉体および粉末冶金，**62**, 127 (2015).
3) S.F. Kistler, L.E. Scriven, *J. Fluid Mech.*, **263**, 19 (1994).
4) 仲 勇治，日本リスク研究学会誌，**23**, 3 (2013).
5) Y. Matsui, K. Miyaoi, *et al.*, *J. Phys. Conf.*, **170**, 012030 (2009).

あとがき

　本書は2017年より2018年にかけて，化学工学学会誌に1年にわたり連載された原稿をもとに，修正を加え演習問題を追加して出版に至った．

　"ものづくり"における古くて新しいスケールアップ問題を非平衡相変化の視点から統一的にまとめた．時代とともに，"ものづくり"のニーズは変容し進化しているが，大学で学ぶ機会は限定的である．しかも，材料・プロセスは材料に注目されることが多く，プロセスへの関心は大きくない．一方で，企業はプロセスの重要性を強調するが現場主義のため，企業研究者の体力と知力を消耗させている．

　本書はメソスケールの構造形成を非平衡相変化としてとらえている．また，コロイド系をコロイド科学からコロイド工学へと展開している．これにより，現場の課題解決に役立つと同時に，化学工学を面白く深くしたいと考えた．既刊の『ものづくりの化学工学』と合わせて，"ものづくり"に活用していただきたい．

2019年3月

山　口　由　岐　夫

索　引

[和　文]

あ行

亜臨界分岐　38
安定性　38

イオン衝撃　141
閾値電圧　141
移動速度論　7
インキュベーション　16
インクジェット塗布　114
インクルージョン　17
インヒビター型　43

ウェットコーティング　112
ウェーバー数　119
運動量拡散係数　9
運動量収支　4
運動量律速　23

液境膜物質移動容量係数　66
液相薄膜　137
エネルギー収支　4
エピタキシャル成長　139
エマルション　2
エレクトロスピニング法　59
塩析　89

応答解析　100
押出機　100
オストワルドライプニング　82

か行

解砕速度　106
界面活性剤　73
界面輸送律速　24

化学工学モデル　4
拡散燃焼　54
拡散モデル　126
拡散律速　24
　固体——　24
　混合——　66
　表面——　138
核発生　5, 14
撹拌エネルギー密度　24
撹拌所要動力　68
撹拌動力　8
加水分解反応　16
滑液性　111
活性化エネルギー　24
過飽和型　42
管型反応器(PFR)　44, 66
完全流体　52
乾　燥　1
　減率——　26
　恒率——　124
　噴霧——　123, 126
乾燥成長　125
乾燥速度　115
乾燥プロセス　123
緩慢凝集　89
緩和時間　8

気相薄膜　137
気泡塔　41
キャピラリー数　53
キャピラリー流　125
キャピラリー力　27
　縦——　131
　横——　131
境界層　51
凝　集　27, 56
　緩慢——　89
　急速——　89
　——性結晶　16

――性微粒子　129
凝集塊　57, 91
凝集晶　27
凝集体　13, 57, 91
境膜厚み　9
境膜モデル　53
境膜輸送律速　156

空気同伴　118
空隙率　129
クエット流れ　115
クラスター　15
クラック　26
　粘弾性――　106
　乾燥――　99
クリーム化　55

結晶成長速度　83
ゲル　2
　――の体積相転移　16
　シェイク――　18
　非平衡論的な――　106
　平衡論的な――　106
ゲル化　87
限界含水率　127
減率乾燥　26

恒率乾燥　124
固体拡散律速　24
古典的核発生論　78
コーヒーリング効果　43
個別要素法(DEM)　130
固有値解析　38
固溶体　71
コロイド動力学　157
混合拡散律速　66
コンポジット型　99
混練　1
混練操作　103
混練プロセス　87
混練分散　88

さ行

最小膜厚限界　119
最密充填　101, 128
散逸構造　5

シェイクゲル　18
シグモイド型　42
自己拡散係数　132
自己組織化方程式　154
自己組織化論　5
島成長　139
シャーウッド数　9
収縮　123
縮合反応　16
衝撃エネルギー　93
晶析振動　83
晶析プロセス　27
衝突断面積　141
自励振動　43
進化的成長　139
伸長力　88

数値流体力学(CFD)　4, 37
スキニング　27
スケールアップ　1
スケールアップ則　8
スタートアップ　158
スピノーダル分解　5, 14
スピン塗布　114
スロットダイ塗布　115

析出速度　151
ゼータ電位　73
セルフフラックス　71
前駆体　80
選択率　65
せん断力　88

相互拡散係数　133
装置設計　153
相転移　13
　一次――　142

二次—— 142
層流レジーム　41
双連続　17
速度論　4
ゾル-ゲル相転移　16
ゾル-ゲル法　59, 72
損失粘性率　100

た 行

体積解砕　91
滞留時間　8
多孔質材料　111
縦キャピラリー力　131
ダルシーの法則　127

チキソトロピー　58
逐次過程　23
チューリング・パターン　5
調液操作　89
超臨界分岐　38
貯蔵弾性率　100

抵抗加熱　144
定常粘度　102
ディップ塗布　114
デジタル塗布　114
電子伝導性　99, 105
電子ビーム加熱　144
転　相　16

透水係数　127
動的接触点　116
動的粘度　102
動的平衡　95
導電性　94
透明性　93
動力数　68
特異点　38
トップダウン型　87
塗　布　1
　　インクジェット——　114
　　スピン——　114
　　スロットダイ——　115
　　ディップ——　114
　　デジタル——　114
　　ロール——　114
塗布ウィンドウ　112
塗布欠陥　118
塗布方式　112
ドライコーティング　112

な 行

ナノコンポジット　2
ナノフィラー　92
ナノ分散　87
ナビエ・ストークス　6

二軸混練機　107
ニーダー　100
二段核発生　27

ヌッセルト数　9

熱応力　130
熱拡散係数　9
熱分解　140
熱力学的非平衡相分離　17
熱律速　23
粘弾性相分離　14
粘弾性特性　102
粘土鉱物　117

濃縮層成長　124

は 行

配向制御　111
バイモーダル　90
バインダー　130
バインダー偏析　132
爆発限界　39
破砕エネルギー　95
肌あれ　26
パッシェン曲線　142
撥水性　111
板状粒子　117

バンドギャップ　80
反応拡散方程式　5, 153
反応晶析　44
反応振動　43
反応速度定数　24
反応速度論　23
反応率　65
反応律速　18, 24, 66

光透過性　111
非水系　88
ヒステリシス　40
ビーズミル　94
ビーズレス分散　91
非線形性　37
非定常過程　38
非平衡開放系　36
非平衡相図　39
非平衡相分離　14
　熱力学的——　17
　流体力学的——　17
非平衡相変化　1, 13, 35, 153
非平衡プラズマ　141
表面あれ　118
表面解砕　91
表面拡散律速　138
表面欠陥　118
表面偏析　26

フィルミング　118
フォワードロール　114
不完全燃焼　54
複屈折率　93
複素弾性率　100
負性抵抗　57
付着確率　28, 140
物質移動係数　82
物質拡散係数　9
物質収支　4
物質律速　9
ブラウン揺動力　56
フラックス法　71
ブリージング現象　105
プロセス設計　153
分岐ポリマー　93

粉砕速度　95
分　散　1
分散速度　95
分散プロセス　87
分子拡散　53
分子クラスター　80
分子粘性　53
分子配向　111
噴霧乾燥　123, 126

平均自由行程　72
平均場法　15
平衡仮説　35
平衡含水率　128
平衡論　4
並列過程　23
ペクレ数　9
　乾燥——　10
　粒子——　10
偏　析　118

ポアズイユ流れ　115
棒状粒子　117
暴走反応　66
放電開始電圧　141
放電プラズマ　35
ポテンシャル障壁　88
ボトムアップ型　87
ホモジナイザー　94
ポリマーコンポジット　100

ま行

マグヌス効果　19
マテリアルズ・インフォマティクス　159
マトリックス　92
マラゴニー効果　118
マルチモーダル　90

ミクロ相分離　15
ミクロンフィラー　92

無次元数　8

メニスカス　114
メルトブロー法　59

毛管力→キャピラリー力

や行

ヤコビ行列　38

融　点　80
ゆず肌　118
輸送現象論　7

溶解度パラメーター　134
溶融紡糸　59
横キャピラリー力　131
予混合燃焼　54

ら行

ランダム充填　128
乱流エネルギー　53
乱流エネルギー密度　66
乱流拡散　51
乱流燃焼　54
乱流粘性　51
乱流レジーム　41

律　速　23
　　運動量——　23
　　界面輸送——　24
　　境膜輸送——　156
　　熱——　23
　　反応——　18, 24, 66
　　物質——　23
律速過程　9
リバースロール　114
リビング　118
粒子拡散　56
粒子拡散係数　9
粒子間ポテンシャル　130
粒子配向　111
粒子分散型　99
粒子分散系　2

粒子法シミュレーション　59
流体力学的凝集　101
流体力学的非平衡相分離　17
流体粒子ダイナミクス法　130
流動層　58
流動層乾燥　123
量子化学計算　159
量子サイズ効果　80
臨界過飽和度　15
臨界点　39
臨界レイリー数　39

レイノルズ数　8
　　撹拌——　68
　　粒子——　9
レオペクシー　58
レオロジー解析　100
連続晶析　83
連続槽型反応器(CSTR)　44, 66

ロール塗布　114

[欧　文]

computation fluid dynamics(CFD)　4, 37
continuous stirred tank reactor (CSTR)　44, 66

diffusion limited aggregates(DLA)　28
discrete element method(DEM)　130

electron cyclotron resonance(ECR)　143

microwave(MW)　143

phase-field 法　15
plug flow reactor(PFR)　44, 66

radio frequency(RF)　143
reaction limited aggregates(RLA)　28

shear thickening　92
shear thinning　92
Stober 法　73

著者紹介

山口　由岐夫（やまぐち　ゆきお）
　1975年東京大学大学院工学系研究科化学工学専攻修士課程修了．同年，三菱化成株式会社(現 三菱化学株式会社)入社，マサチューセッツ工科大学留学を経て，三菱化学材料工学研究所長．慶應義塾大学より工学博士取得．2000年より東京大学大学院工学系研究科教授(化学システム工学専攻)．現在は，一般社団法人プロダクト・イノベーション協会(PIA)代表理事，東京大学名誉教授．
　研究分野は機能材料プロセシング，構造制御と機能設計，ナノテクノロジー，知識の構造化．2012年米国化学工学会(AIChE)より，塗布技術の学術的理解と開発に多大な貢献をした研究者へ与えられるJohn A. Tallmadge Awardを受賞．
　著書に『分散・塗布・乾燥の基礎と応用』(テクノシステム，2014)，『ものづくりの化学工学』(丸善出版，2015)『ゲルっていいじゃない』(テクノシステム，2016)など．

スケールアップの化学工学
——ものづくりの課題解決に向けて

平成31年4月25日　発　行

編　　者　　公益社団法人 化 学 工 学 会

発行者　　池　田　和　博

発行所　　丸善出版株式会社
　　　　　〒101-0051 東京都千代田区神田神保町二丁目17番
　　　　　編集：電話 (03)3512-3265／FAX (03)3512-3272
　　　　　営業：電話 (03)3512-3256／FAX (03)3512-3270
　　　　　https://www.maruzen-publishing.co.jp

Ⓒ The Society of Chemical Engineers, Japan, 2019

組版印刷・製本／三美印刷株式会社

ISBN 978-4-621-30387-0　C3058　　　　　Printed in Japan

本書の無断複写は著作権法上での例外を除き禁じられています．